U0133914

沈冬梅

著

茶的极致

宋代点茶文化

上海交通大学出版社
SHANGHAI JIAO TONG UNIVERSITY PRESS

内容提要

本书从茶叶的种植、贡茶制度、点茶技艺、宋代茶具、品茶趣味、点茶情境、茶礼、茶与社会生活等方面,全面展现了茶在宋人生活中的重要地位,体现了宋代茶人的生活风尚,也从茶切入,对宋代社会风貌进行还原。

图书在版编目(CIP)数据

茶的极致:宋代点茶文化 / 沈冬梅著. — 上海:
上海交通大学出版社,2023.9
ISBN 978-7-313-26589-0

Ⅰ.①茶… Ⅱ.①沈… Ⅲ.①茶文化-中国-宋代
Ⅳ.①TS971.21

中国版本图书馆CIP数据核字(2022)第020377号

茶的极致——宋代点茶文化
CHA DE JIZHI——SONGDAI DIANCHA WENHUA

著　　者：沈冬梅
出版发行：上海交通大学出版社　　　　　地　　址：上海市番禺路951号
邮政编码：200030　　　　　　　　　　电　　话：021-64071208
印　　制：上海文浩包装科技有限公司　　经　　销：全国新华书店
开　　本：880mm×1230mm　1/32　　　印　　张：9.875
字　　数：188千字
版　　次：2023年9月第1版　　　　　　印　　次：2023年9月第1次印刷
书　　号：ISBN 978-7-313-26589-0
定　　价：88.00元

目录

第三章

完备的贡茶制度 / 069

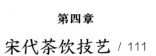

第四章

宋代茶饮技艺 / 111

第七章

宋人点饮茶情境 / 193

第八章

宋代点茶文化的行为主体 / 219

第九章

宋代茶礼 / 251

第十章

茶与宋代社会生活 / 289

后记 / 306

绪言

宋代点茶文化的社会历史背景

宋代（960—1279）是中国中古时期的一个重要朝代，以靖康之变（1127）金人攻占都城汴京北掳徽、钦二帝后康王赵构在扬州建立新的中央政权为界，分为北宋（960—1127）、南宋（1127—1279）。因为皇帝姓赵，宋代又称为赵宋。又因天下赵姓，皆出于天水，虽然隋唐以来门阀世族的势力已然衰落，但许多王公贵族仍喜欢用自己曾经的高姓大族郡望来自相标榜，赵姓宗族聚居地以陕西天水郡最为出名。《宋史》卷六十五："天水，国之姓望也。"①故近代以来学者又常称赵宋王朝为"天水一朝"。今甘肃天水有"赵氏天水堂"，为赵姓祭祖之地。

在中外历史学家的研究中，宋朝是一个非常耀眼的朝代，是中华民族历史文化发展的巅峰时期，中外学者对此多

---

① ［元］脱脱等：《宋史》，中华书局，1977年版，第1429页。

有评述，如国学大师王国维在《宋代之金石学》言："天水一朝，人智之活动，与文化之多方面，前之汉唐，后之元明，皆所不逮也。"[1]陈寅恪先生在《赠蒋秉南序》中也称："贬斥势利，尊崇气节，……天水一朝之文化，竟为我民族遗留之瑰宝。"[2]并曾评价"华夏民族之文化，历数千载之演进，而造极于赵宋之世"[3]。美国学者罗兹·墨菲在其《亚洲史》第七章"中国的黄金时代"中称宋朝是中国的"黄金时代"；"在许多方面，宋朝在中国都是个最令人激动的时代，它统辖着一个前所未见的发展、创新和文化繁盛期。从很多方面来看，宋朝算得上一个政治清明、繁荣和创新的黄金时代。宋确实是一个充满自信和创造力的时代。"[4]

著名宋史学家邓广铭在《关于宋史研究的几个问题》一文中认为："两宋期内的物质文明和精神文明所达到的高度，在中国整个封建社会历史时期之内，可以说是空前绝后的。"[5]法国汉学家谢和耐《蒙古入侵前夜的中国日常生活》

---

[1] 王国维：《宋代之金石学》，载《王国维遗书》，第五册，上海古籍书店，1983年版，第70页。

[2] 陈寅恪：《赠蒋秉南序》，载《寒柳堂集》，上海古籍出版社，1980年版，第162页。

[3] 陈寅恪：《邓广铭〈宋史职官志考证〉序》，载《金明馆丛稿二编》，上海古籍出版社，1980年版，第245页。

[4] ［美］罗兹·墨菲：《亚洲史》，海南出版社、三环出版社，2004年版，第351页。

[5] 邓广铭：《谈谈有关宋史研究的几个问题》，《社会科学战线》1986年第2期。

写道：“13世纪的中国在近代化方面进展显著，比如其独特的货币经济、纸币、流通证券，其高度发达的茶叶和盐业企业。”“在社会生活、艺术、娱乐、制度和技术诸领域，中国无疑是当时最先进的国家。”① 日本学者宫崎市定《东洋的近世》认为：“自宋代开始，即公元11世纪左右开始出现了文艺复兴的现象。”“社会经济的快速发展，都市的发达，知识的普及，等等，宋代社会呈现出的各种历史现象，与欧洲文艺复兴现象相比，两者的发展应该是并行的、等价的发展。”②

宋代是中国历史上一个承前启后的重要时代，对世界文明和宋代以后中国历史与文化产生了深远的影响。宋代的文化直至20世纪初都是中国的典型文化，严复认为：“国家之制，民间之俗，官司之所持，儒者之所守”，“中国之所以成为今日现象者”，十之八九，皆为宋所造就③。宋代历史文化影响深远直至近代，甚至有日本学者认为宋代是中国近代史的开端。

在政治方面，虽然宋代皇权也在加强，但文官化却是自北宋立国之初就同去武将化的进程一同开始了。宋代自身的

---

① ［法］谢和耐：《蒙元入侵前夜的中国日常生活》，刘东译，江苏人民出版社，1996年版，第3—5页。
② ［日］宫崎市定：《东洋的近世》，张学锋译，上海古籍出版社，2018年版，第85页。
③ 严复：《严几道与熊纯如书札节钞》，载《严复集》，第三册，中华书局，1986年版，第668页。

开端极具戏剧性然而影响深刻。五代是中国历史上最为纷乱的一个历史时期,总共仅有53年,却有14位君主,五代多由禁军将领拥立新皇帝发生政权更迭。五代之末代的后周最后一年显德六年年末,河北镇州、定州边报契丹与北汉联合犯境。七年正月初一,后周派大将"殿前司都点检"赵匡胤率军出京城开封北上抵抗传言中来袭的契丹军队,说是"传言",因为兵变后军队即返京,如清人查慎行诗"千秋疑案陈桥驿,一着黄袍便罢兵"[①],传言中的边境战事也暂时未再发生。正月初三,大军行至陈桥驿,部下拥戴谋变。表面几番推却实际暗中周密部署安排下,赵匡胤与部属约法三章后允诺黄袍加身,并严厉禁止五代兵变后习惯发生的抢劫等行为:不得凌辱后周太后、幼帝及公卿大臣,不得抢劫市民(夯市)、抢劫政府仓库等。初四,大军回到京城,除了追杀准备抵抗兵变军队的侍卫亲军副都指挥使韩通外,未再发生流血事件。正月初五,公元960年2月4日,赵匡胤正式登基,为北宋开国的太祖。

北宋的建立,本质上来说是一场基本不流血的军事政变。宋太祖对于民心及社会稳定特别是京城社会稳定的重要性的认识与追求,为北宋的政治治理奠定了一个基调,影响了北宋至南宋的政治制度设计,自太祖、太宗起,宋代"优

---

① 查慎行:《汴梁杂诗》,载沈德潜编《清诗别裁集》,吉林出版集团股份有限公司,2017年版,第659页。

待文士"，"不得杀士大夫及上书言事人"[1]，政治氛围相对宽松，对于政府基本行政主管人员的主体——文人士大夫群体来说，不仅基本没有随时受到威胁的性命之忧，而且有相当的政治尊严。

为了从根本上解决五代以来禁军将领频繁拥立皇帝的恶性循环，太祖采取了崇文抑武的策略。此后，"与士大夫治天下"[2]的所谓祖宗家法，与政治文官化协同进行。

在物质文化发展方面，宋代好像进入了现代。农业与手工业的发展使宋朝的商业达到很大的规模，大城市店铺林立，天南地北的商品数量丰富、品种繁多。城市中往往设置商业的同业组织"行"，有各种行规。今天人们常说"三百六十行，行行出状元"以总言行业之多，而在宋代，已经有414行。城市中的质库，即当铺和各种服务业相当发达。汴京等大城市中出租住房现象也十分普遍。市民阶层兴起，城市经济与世俗文化飞速发展，这个时候的中国是世界城市化水平最高的社会。英国著名经济史学家麦迪森写道："早在公元10世纪时，中国在人均收入上就已经是世界经济中的领先国家，而且这个地位一直持续到15世纪。在技术水平上，在对

---

① ［宋］陆游：《避暑漫抄》，《全宋笔记》第五编第八册，大象出版社，2012年版，第140页。

② ［宋］李焘：《续资治通鉴长编》卷二二一，神宗熙宁四年三月戊子，上海师范大学古籍研究所、华东师范大学古籍研究所点校，中华书局，2004年版，第5379页。

自然资源的开发利用上，以及在辽阔疆域的管理能力上，中国都超过了欧洲。"①根据他的测算，按1990年美元为基准，在公元960年后，中国人均GDP为450美元，至宋末达600美元。而处于中世纪黑暗中的欧洲，这两个数据分别为422美元、576美元。

宋代金融形式因经济活动的扩大而发生变化，因为商业贸易活动的繁荣，所需资金额度巨大，宋朝通行铜钱，四川地区更是使用铁钱，在东南、西南、西北、北方四大产地—销地市场跨地区全局贸易时，自身重量重且体量大的铜钱铁钱，携带不便，严重不利于全局贸易的进行，因而宋代发行了世界上最早的纸币——交子。除货币外，宋朝官府发行的各种交引、公据、关子、僧道度牒等也成为有价证券。商业信用，如赊买、预付货款、交引等信用证券的交易，都有很大发展。高利贷盛行，以财物、地契、房契等的抵押借贷颇为流行。宋朝商业化、货币化、社会化发展的程度，远远超过当时世界上其他任何国家。

宋代在文化思想方面较为开放，陈寅恪认为"六朝及天水一代思想最为自由"②。宋代学术上各派宽容并存；信仰方面三教基本和平共处，"以佛修心，以道养生，以儒治世"，

① ［英］安格斯·麦迪森：《中国经济的长期表现：公元960—2030年》，伍晓鹰、马德斌译，上海人民出版社，2011年版，第15页。
② 陈寅恪：《论再生缘》，载《寒柳堂集》，《陈寅恪集》，三联书店，2001年版，第72页。

相安无事；禅宗与净土宗也呈兼容合流之势。虽然儒学在宋代成为国家正统的意识形态，但在佛、道二教的冲击下，儒者也积极应对，一方面继续在辩难中吸收佛道二家之长；另一方面从理学、心学、事功之学等方面，重新阐释儒学经典义理，形成宋学，亦有学者称为新儒学。两宋时期新儒学形成了多家学派。北宋学者胡瑗，与孙复、石介并称宋初三先生，在苏州、湖州州学做教授时，分"经义"和"治事"两类教学，治事包括讲武、水利、算术、历法等经世致用之学，经义主要学习六经，但也要选择心性疏通、有器局、可任大事者讲明六经。胡瑗讲求"明体达用"，分斋教学，以培养"致天下之治"的人才，标志着宋学新儒学时代的开启。《宋史》称为"道学"的理学，是南宋时最终形成的宋学学派。宋代在思想哲学文化方面的发展是巨大的，特别是儒家的复兴，德国宋史史学家迪特·库恩指出："宋朝是中国哲学的黄金时代。古代儒家的价值体系在12世纪学者们的努力下重获新生，就思想深度而言，达到了其历史上的最高峰。在帝制彻底寿终正寝前，这套价值体系作为一套杰出的意识形态理论，一直支配着中国精英的行为方式，调节着国家内外政策的制定。"①

在教育方面，宋代太学、州府县乡学以及各大书院的建

① ［德］迪特·库恩：《儒家统治的时代：宋的转型》，［加］卜正民编，李文锋译，邵君安校，中信出版社，2016年版，第100页。

立使教育在社会全阶层覆盖，使得全民皆有机会受教育，一则文化重心下移，二则思想学术上的开展与探讨有了深入发展的契机和条件。文化风气上雅俗互融，院体画、文人画与风俗画各自繁荣，文艺重心下移，文学体裁在诗文赋之上扩增了词、曲、小说（说话话本），与城市经济市民文化互相促进发展。

　　虽然此后经历元明清各代的动荡与变革发展，宋代仍然在很多方面深刻地影响了中国历史的进程与文化思想的发展，乃至于物质文明、民俗民风层面。所以严复指出："若论人心政俗之变，则赵宋一代历史最宜究心。中国所以成为今日现象者，为善为恶，姑不具论，而为宋人所造就，什八九可断言也。"[1]陈寅恪也认为："华夏民族之文化，历数千载之演进，造极于赵宋之世。后渐衰微，终必复振。由是言之，宋代之史事，乃今日所亟应致力者。"[2]葛兆光认为宋文化是"近代文化的滥觞"[3]，越发呈现"平民化、世俗化、人文化"的特点。笔者以为宋代的思想文化特点主要表现为儒学人文化，政治相对人性化，宗教（主要是佛教）世俗化、中国化，文艺平民化。

　　具体到茶而言，宋代的茶业与文化也是当今最宜究心

---

① 严复：《严几道与熊纯如书札节钞》，载《严复集》，第668页。
② 陈寅恪：《邓广铭〈宋史职官志考证〉序》，载《金明馆丛稿二编》，上海古籍出版社，1980年版，第245页。
③ 葛兆光：《道教与中国文化》，上海人民出版社，1987年版，第206页。

与致力者。茶作为中国传统文化的重要代表，如明代王象晋《群芳谱·茶谱小序》所言，"兴于唐，盛于宋，始为世重矣"①，茶业与茶文化在唐宋之际的发展及在中国乃至世界历史中的地位，也一如宋朝的历史地位。茶在宋代发展至农耕社会的极致，并承上启下，为当时及后世提供了很多基本的概念和范式，影响中国及世界。

宋代提出了上品茶的标准与内涵。从茶叶的产地、品种、茶园管理、鲜叶采摘、拣择已采茶叶、洗濯茶叶、蒸茶、榨茶、研茶、造茶（制饼）、焙茶到贮藏，每个生产工序和环节都投入大量的人力、物力以及技术，都极尽精益求精之能事，都是好茶不可缺一的指标或参数。宋代给出了全面的茶叶鉴别标准，并发现制成茶叶的不同问题与制作过程中的不同环节的问题相对应。

宋代社会奉行最经典的茶艺——点茶法。其用水清轻甘洁，用火需火力通彻，用器要焕发茶色，经过碾、罗、候汤、熁盏、调膏、七汤点茶，最后得到乳雾汹涌、甘香重滑、色香味形皆美的茶汤。而分茶，则是"游于艺"的宋代茶文化的极致。

宋代社会各阶层上自帝王下至乞丐普遍都饮茶，如时人李觏《富国策第十》所说："君子小人靡不嗜也，富贵贫贱靡

---

① ［明］王象晋：《群芳谱·茶谱小序》，文渊阁四库全书本。

不用也"①，茶成为人们日常生活中不可或缺的日常消费物品之一，吴自牧《梦粱录》卷一六《鲞铺》言："盖人家每日不可缺者，柴米油盐酱醋茶。"②如王安石在《议茶法》文中所说："夫茶之为民用，等于米盐，不可一日以无"③，宋代形成了茶真正意义的传播，就是茶与生活的融合。茶与社会生活的诸多方面都发生了相当的关联，出现不少与茶相关的社会现象、习俗或观念。如客来敬茶的习俗在宋时明确形成，政府礼仪用茶，茶用于婚姻礼仪诸步骤程序，重视茶与养生的关系，清楚理性地辨别茶与酒的不同特性，茶馆遍布城镇，茶事社会化服务，等等。种种观念与习俗不仅为宋代形成空前繁荣的茶文化提供了广泛的社会基础，也成为宋代茶文化多姿多彩的组成部分，并使得宋代成为中国茶文化发展史上最重要的时期之一。

而在雅文化领域，茶为文人们的诗词创作提供了一个新的题材领域。茶叶为宋代诗词创作提供了丰富的源泉，为诗词提供了许多新的意象。

今人多以"琴棋书画诗酒花"与"柴米油盐酱醋茶"相对，来指代、描述文化生活与日常生活。笔者以为，由于茶

---

① ［宋］李觏：《富国策第十》，《盱江集》卷十六，王国轩点校，中华书局，2011年版，第149页。
② ［宋］吴自牧：《梦粱录》卷一六《鲞铺》，黄纯艳整理，《全宋笔记》第八编第五册，大象出版社，2017年版，第257页。
③ ［宋］王安石：《议茶法》，《王文公文集》卷三一，上海人民出版社，1974年版，第366页。

本身兼具物质与文化特性，故而作为物质消费形式的茶饮，在"琴棋书画诗酒花"的诸种文化生活中，成为一种同样具有文化性的伴衬，诸般文人的风雅情趣生活都与茶联系在一起，茶成为文人士大夫闲适生活中的赏心乐事之一。

　　与中国古代文人传统四艺琴棋书画相对应，在宋代又形成文人雅生活的新四艺：烧香、点茶、挂画、插花，还淡淡地说这是"四般闲事，不宜累家"①。虽然熏香、供花、张画、饮茶，皆已是前朝久事，但至宋朝则风气更炽，于常用之余，为人们所悉心研究，出现了众多的专门谱录类著作，如陈敬《香谱》、洪刍《香谱》等多家香谱、香乘，欧阳修《洛阳牡丹记》、王观《扬州芍药谱》等花木书，图画则有董逌《广川画跋》、宋徽宗时的《宣和画谱》等，与茶有关的书则始自北宋初至南宋末年不绝于笔，如陶谷的《茗荈录》、蔡襄《茶录》、宋子安《东溪试茶录》、宋徽宗《大观茶论》、熊蕃《宣和北苑贡茶录》、赵汝砺《北苑别录》等。宋代文人新四艺传到日本，与日本社会文化相结合发展，形成日本的抹茶道、香道、茶挂、花道。宋代茶传到朝鲜半岛后，形成韩式茶礼。

　　阿诺德·汤因比在《人类与大地母亲》中曾说："10世纪、11世纪、12世纪的后起蛮族，也强烈地为中国文明所吸

---

① 《梦粱录》卷一九《四司六局筵会假赁》，《全宋笔记》第八编第五册，第296页。

引。除了自身采纳中国文明，他们还在自己统治的领土上传播中国文明，而这些领土又从未纳入过中华帝国的版图。因而，中华帝国的收缩由于中国文明的扩张而得到了补偿——不仅在中华帝国周边兴起的国家如此，在朝鲜和日本也是如此。"①

然而，宋朝世界"近代化"早春式的繁荣发展因蒙元的入侵而戛然中断，成为历史中美好的图画。继起的元朝虽然也有贡茶，但是为蒙古人、色目人、汉人、南人四等人之首的蒙古人的生活及重要礼仪中，茶并不占有重要位置，因而点茶文化急剧衰落。茶经历了明清两代的海外大传播，也经历了晚清以来印度、斯里兰卡等国茶业兴起后的急剧衰落，直到20世纪七八十年代以来的再度振兴。

21世纪以来，宋代点茶法及其所衍生的分茶游艺（茶百戏），得到了全国包括台北地区在内多地茶人的关注与研习，应当说这是茶业与茶文化繁荣发展的表现，也是文化与传统的复兴与传承。

中共十九大报告中指出：文化是一个国家、一个民族的灵魂……没有高度的文化自信，没有文化的繁荣兴盛，就没有中华民族伟大复兴……深入挖掘中华优秀传统文化蕴含的思想观念、人文精神、道德规范，结合时代要求继承创新，

---

① ［英］阿诺德·汤因比：《人类与大地母亲：一部叙事体世界历史》，上海人民出版社，2012年版，第451页。

让中华文化展现出永久魅力和时代风采。

　　孔子曰："志于道，据于德，依于仁，游于艺。"[①]宋代点茶文化是中国茶文化的极致，本书拟深入发掘它的文化形态、内涵以及茶礼规式，展现其绝代风采，并结合当下的时代特点，将恢复实践宋代点茶文化的内容呈现给广大茶人与茶文化爱好者，期待对中国优秀茶文化传统的弘扬与传承起到推动作用。

---

① 《论语》"述而第七"，[清]阮元编：《十三经注疏》，中华书局，1980年影印本，第5390页。

第一章

宋代的茶叶种植生产

漆雕秘阁

中国人对于茶叶品质与美味的追求之切，是全世界绝无仅有的。而宋人对于茶品质的追求又臻至中国茶文化史上的最高峰。纵使明清以后，出现了六大茶类，但却没有任何一类茶在品质的追求上能够超越宋代。

一般而言，茶叶生产制造、茶饮技艺、水、茶具等方面内容，是茶文化的物质基础与基本内涵，而茶叶是这些基础中的基础、是核心元素。本书即拟从这些方面论述宋代茶文化的发展状况、时代特点与历史地位。

一、宋茶是什么样的茶

宋代的茶，与我们现今看到的茶不大一样。

陈椽教授以茶叶的发酵程度不同将茶分为六大类，从不发酵的绿茶，到微发酵的白茶、轻发酵的黄茶、半发酵的乌龙茶，再到全发酵的红茶和黑茶。从茶名称来看，就是一个色谱系列：白茶、黄茶、青茶（乌龙茶）、绿茶、红茶、黑茶，颜色由浅到深，由白到黑。而为了完成这个色谱系列，原本叫作乌龙茶的茶，则同时又被称为青茶了。

从工艺角度来论，茶叶制作分杀青和不杀青，初制时充分杀青者为绿茶，其工艺又有晒青、蒸青、烘青、炒青。一般而言，晒青方式应当出现最早。其次出现的方式是蒸青，这是唐宋时期茶叶制造的主流工艺。

用现代茶学分类的标准来看，宋代的茶属绿茶。从现代茶学所分的制茶工艺与流程来看，宋代的茶属蒸青茶。总体而言，宋代茶的主流为蒸青绿茶。

宋代人自己，将茶分为两大类三种形态。马端临《文献通考》卷十八《征榷考五·榷茶》记："茶有二类，曰片茶，曰散茶。片茶蒸造，实棬摸中串之，唯建、剑则既蒸而研，编竹为格，置焙室中，最为精洁，他处不能造。"[1]（《宋史》卷一百八十三《食货下五·茶上》内容相同。）即从茶叶整体形态来看，分为散茶和片茶——也称为团茶、饼茶，而片茶又分为研膏和不研膏两类。宋代的贡茶是研膏团饼茶，这是与现代的任何一种固形饼茶都不同的一种茶饼。现代砖饼茶由叶茶直接蒸压而成，而研膏团饼茶则需先将茶研成极细的粉末后再拍成饼。

研膏片茶主产地为建州和南剑州，都在福建。"建州岁出茶不下三百万斤，南剑州亦不下二十余万斤。"研膏茶又称为腊茶，"有龙、凤、石乳、白乳之类十二等，以充岁贡及邦国之用"。"建宁腊茶，北苑为第一，其最佳者曰社前，次曰火前，又曰雨前，所以供玉食，备赐予。太平兴国始置，大观以后，制愈精，数愈多，胯式屡变，而品不一，岁贡片茶二十一万六千斤。"[2]

一般片茶产于东南诸茶产区，"其出虔、袁、饶、池、

---

① ［元］马端临：《文献通考》卷十八，上海师范大学古籍研究所、华东师范大学古籍研究所点校，中华书局，2011年版，第504页。

② 分见《宋史》卷一八四《食货六·茶下》，第4505页；卷一八三《食货五·茶上》，第4477页；卷一八四《食货六·茶下》，第4509页。

茶的极致

光、歙、潭、岳、辰、澧州、江陵府、兴国、临江军，有仙
芝、玉津、先春、绿芽之类二十六等，两浙及宣、江、鼎州
又以上中下或第一至第五为号"①。《宋史》编写者此处胪列名
目主要注目于茶叶品名次第，于产茶路分与府州军则相并杂
列。从路级区划来看，一般片茶在江南东路、江南西路、荆
湖南路、荆湖北路、两浙路、淮南路，都有出产。

"散茶出淮南、归州、江南、荆湖，有龙溪、雨前、雨后
之类十一等，江、浙又有以上中下或第一至第五为号者。"②

宋代散茶即一般叶茶的制造方法，可参详元代王祯在
其《农书》卷十《百谷谱九·茶》中的具体记载："采讫，以
甑微蒸，生熟得所。蒸已，用筐箔薄摊，乘湿揉之，入焙，
匀布火，烘令干，勿使焦，编竹为焙，裹蒻覆之，以收火
气。"③具体分为四大道工序：采茶、蒸茶、揉茶、焙茶，同
明清以来直至现代叶茶的蒸青茶制法基本相同。

然而，以现代的蒸青绿茶而言，却又不能完全涵盖宋
代茶叶的方方面面。因为，现代绿茶的鉴别标准，一般是三
绿，即干茶、茶汤、叶底皆为绿色。然而，宋代的茶叶尚
白，越是好的茶，茶汤颜色越白。绿茶却崇尚白色——这是
为什么？这就要看宋代的茶叶经历了什么了。

在中国古代，什么是好茶由谁凭什么来界定判断呢？答

---

① 《宋史》卷一八三《食货五·茶上》，第4477页。
② 《宋史》卷一八三《食货五·茶上》，第4477-4488页。
③ ［元］王祯：《农书》，文渊阁四库全书本。

案是：由朝贡制度说了算。普天之下，莫非王土。最好的东西，都是要给天下一人的帝王来享用的。在传说与历史相杂伴的大禹时代，朝贡制度就形成了：《尚书·禹贡》细致地记载了当时各地土贡方物的情况。

茶叶在西周初年就进入了土贡方物的系列。晋常璩《华阳国志》卷一《巴志》载："周武王伐纣，实得巴蜀之师……封其宗姬于巴，爵之以子……其地……丹漆茶蜜……皆纳贡之。其果实之珍者……园有芳蒻香茗。"表明在武王伐纣周朝兴国之初，巴国就已经以茶与其他一些珍贵土产品纳贡宗周，并且已经有了茶园。有论者对《华阳国志》所记西周贡茶时间有怀疑，但任乃强《华阳国志校补图注》有案语曰："《巴志总序》第二章，述故巴国界至与其特产和民风。其述民风，时间性颇不明晰，大抵取材于谯周之《巴记》，通巴国地区，秦汉魏晋时代言之。"[①]认为《华阳国志》此处所述为"故巴国界至与其特产"，时间性很明确，为故巴国，即西周初年建国，公元前316年为秦所克之巴国。（只有所述民风时间性不明晰，为"秦汉魏晋"不能确定的时间段。）则巴国贡茶始自西周之初为可信。

现在我们能够看到的最早的贡茶实物，是汉景帝阳陵从葬坑中出土的茶叶（见图1-1），距今已经有近2 200年的

---

① ［晋］常璩：《华阳国志》卷一，见任乃强：《华阳国志校补图注》，上海古籍出版社，1987年版，第6页。

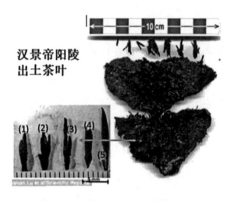

图1-1　汉阳陵出土茶叶

历史（已经申报吉尼斯世界纪录）。到了唐代，原本各地都可以进贡好茶的情形发生了变化。官府在贡茶之地设置官茶园——最初设在江苏宜兴的称为茶舍，后设在湖州长兴的称为贡茶院——专门生产制造并上供贡茶。

五代十国时期，产茶区所在的中国南部地区分别建立了不同的地方性小政权，唐代官营贡茶之地湖州在吴越国的辖境。多才多艺的南唐主李璟，则在现今的福建建瓯北苑地区设置了官茶园，制造贡茶，供应国都金陵。

宋太祖赵匡胤在陈桥驿被黄袍加身发动兵变，取代后周建立北宋，开始了一统天下的历史进程，当时南方尚存的七个小国和地方割据政权陆续被征服。开宝八年（975），南唐的福建北苑贡茶地，亦先被一统入境。太平兴国二年（977），刚继位没几个月的太宗皇帝，就下诏命令北苑继续成为北宋的官营贡茶之地——这时唐代以来贡茶官焙之地湖州所在的吴越国还没有纳土归宋。这样，福建建州地区的茶叶与点茶方式，就通过贡茶影响到了宋代的茶业与文化。

二、极致的宋代贡茶种植与管理

宋代的贡茶是蒸青研膏团饼茶，它的生产制造工艺代表了中国农耕社会的巅峰水平，它的饮用也最富美学与审美品位，宋代贡茶的生产制作，在诸多方面，都臻至前无古人后无来者的极致。

茶叶种植生产涉及地理、气候、品种、茶园田间管理等诸多方面。

1. 地理与气候

唐人杨晔《膳夫经手录》论及产地比较笼统，在言及新安茶产地之茶时有曰："春时，所在吃之皆好。及将至它处，水土不同，或滋味殊于出处"①，认为春茶时节，在茶产地饮茶滋味都好，只有从产地销至他地后，因为水土的不同，滋味可能会发生变化。

陆羽在《茶经》卷上"一之源"中所论稍详，论宜茶之地，"其地，上者生烂石，中者生砾壤，下者生黄土"，认为茶产地的地理条件以"阳崖阴林"为宜②，并且这是一种普适的条件。宋徽宗在其《大观茶论》"地产"篇中，更进一

---

① ［唐］杨晔：《膳夫经手录》，碧琳琅馆丛书本。
② ［唐］陆羽：《茶经》卷上，见沈冬梅：《茶经校注》，中华书局，2021年版，第8页。

步阐释了陆羽的论断：“植产之地，崖必阳，园必阴。盖石之性寒，其叶抑以瘠，其味疏以薄，必资阳和以发之。土之性敷，其叶疏以暴，其味强以肆，必资阴以节之。（今园家皆植木，以资茶之阴。）阴阳相济，则茶之滋长得其宜。”[1]认为山崖之地，石多土少，土壤肥力不足，需要借助太阳的力量（即所谓光合作用）以促进茶叶的生长。而纯土之地，土壤肥力充足，茶叶生长易于过快过猛，内含物质过于丰富导致茶叶滋味太强烈，需要借助遮阴以调节光照温度以节制茶叶的生长速度。这些经验性论断至今依然是普适的原则。

宋代贡茶出产于建州建安北苑，在今福建建瓯市北苑凤凰山。南唐主李璟时始立北苑茶焙，宋太宗即位之始就因袭之，派特使至其地主理贡茶生产事宜。北宋中期时人宋子安在其《东溪试茶录》中首先认识到北苑所在“连属诸山”除了山川重复、钟灵粹秀之外，凤凰山的土壤含有多种金属，山南多银铜，山北多铅铁，因而它的土壤呈现红色。或许正是这些地理和气候特点，孕育了北苑二三十家官焙茶园所产茶叶的优异品质。其在《东溪试茶录》中记：“建首七闽，山川特异，峻极回环，势绝如瓯。其阳多银铜，其阴孕铅铁，厥土赤坟，厥植惟茶。会建而上，群峰益秀，迎抱相向，草

---

[1] ［宋］赵佶：《大观茶论》“地产”，朱自振、沈冬梅、增勤：《中国古代茶书集成》，上海文化出版社，2010年版，第125页。

木丛条，水多黄金，茶生其间，气味殊美。岂非山川重复，土地秀粹之气钟于是，而物得以宜欤？"①认为北苑诸山的土壤，富含矿物质，土质肥沃，因而能够出产气味殊美的茶叶，与陆羽所论最适宜茶叶生产的土壤为"烂石"相吻合，即山石经过长期风化和自然的冲刷作用，山谷石隙间积聚了含有大量腐殖质和矿物质的土壤，土层较厚，排水性能好，土壤肥沃。

现代茶学，对茶产区的降雨量有着相应的标准。如果茶的产区高山多云雾，对茶叶的品质极为有利，因为云雾对山南茶树直接照射的阳光能起到折射甚至反射的作用，在茶树迅速生长的春季，使茶树在适宜的温度下有充分的生长时间而茶叶不会快速老化、木质化。宋人虽然对于云雾于茶的作用机理不如现今之科研结果那般明白，但是已经充分意识到北苑的气候条件对北苑高品质茶的作用，如《东溪试茶录》所记："今北苑焙，风气亦殊。先春朝隮常雨，霁则雾露昏蒸，昼午犹寒，故茶宜之。茶宜高山之阴，而喜日阳之早。自北苑凤山南直苦竹园头东南，属张坑头，皆高远先阳处，岁发常早，芽极肥乳，非民间所比。次出壑源岭，高土决地，茶味甲于诸焙。"②至道间任福建路转运使的丁谓，"监督州吏，创造规模，精致严谨。录其园焙之数，图绘器具，

---

① ［宋］宋子安：《东溪试茶录》，《中国古代茶书集成》，第106页。
② 《东溪试茶录》，《中国古代茶书集成》，第106页。

及叙采制入贡法式。"① 在所作《北苑茶录》中反复称赞北苑之茶，"凤山高不百丈，无危峰绝崦，而岗阜环抱，气势柔秀，宜乎嘉植灵卉之所发也"，"建安茶品，甲于天下，疑山川至灵之卉，天地始和之气，尽此茶矣"，"石乳出壑岭断崖缺石之间，盖草木之仙骨"②。庆历间任福建路转运使的蔡襄在《茶录》中亦认为贡茶"惟北苑凤凰山连属诸焙所产者味佳"③。

　　宋人更是看到北苑诸山大环境之内，因小环境不同而带来茶园茶品的差异。《东溪试茶录》记建安"官私之焙，千三百三十有六"，"建溪之（官）焙三十有二，北苑（龙焙）首其一，而园别为二十五"。当时的情况是茶园有"园陇百名之异"，所产茶叶有"香味精粗之别"，因为"茶于草木，为灵最矣"，所以"去亩步之间，别移其性"④，相距很近的茶园所产茶叶就有品质上的差异，这与当今武夷山众多盆景式小茶园的状态是一致的。

　　还是与当今的武夷山相比。由于在封闭环境内长期的有性繁殖，武夷山的植物品种发展出高度的多样性，从而成为世界自然遗产，茶树品种资源是其中的组成之一。宋代建安

① ［宋］晁公武：《郡斋读书志》卷一二，见孙孟《郡斋读书志校证》卷一二，上海古籍出版社，1990年版，第534页。
② ［宋］丁谓：《北苑茶录》（辑佚），《中国古代茶书集成》，第169页。
③ ［宋］蔡襄：《茶录》上篇"味"，《中国古代茶书集成》，第101页。
④ 《东溪试茶录》"总叙焙名"，《中国古代茶书集成》，第106-107页。

的茶树品种资源之丰富，也得到了宋人的注意，他们根据其不同特性而予以相应的利用。

2. 品种

陆羽首次意识到茶叶存在品种的差异，在《茶经》卷上"一之源"论述鲜叶品质时说"紫者上，绿者次"[①]，就表明了这一点。但他只是从长成的茶叶颜色角度进行区分。

宋代宋子安在其所撰《东溪试茶录》中明确记录当时建安可见七种茶树品种，分别是白叶茶、柑叶茶、早茶、细叶茶、稽茶、晚茶、丛茶（亦曰蘖茶）。

茶之名有七：

一曰白叶茶，民间大重，出于近岁，园焙时有之。地不以山川远近，发不以社之先后，芽叶如纸，民间以为茶瑞，取其第一者为斗茶。而气味殊薄，非食茶之比。今出壑源之大窠者六（叶仲元、叶世万、叶世荣、叶勇、叶世积、叶相），壑源岩下一（叶务滋），源头二（叶团、叶肱），壑源后坑一（叶久），壑源岭根三（叶公、叶品、叶居），林坑黄漈一（游容），丘坑一（游用章），毕源一（王大照），佛岭尾一（游道生），沙溪之大梨上漈上一（谢汀），高石岩一（云擦院），大梨一（吕演），砰溪岭根一（任道者）。

次有柑叶茶，树高丈余，径头七八寸，叶厚而圆，状类柑橘之叶。其芽发即肥乳，长二寸许，为食茶之上品。

---

① 《茶经校注》，第9页。

三曰早茶，亦类柑叶，发常先春，民间采制为试焙者。

四曰细叶茶，叶比柑叶细薄，树高者五六尺，芽短而不乳，今生沙溪山中，盖土薄而不茂也。

五曰稽茶，叶细而厚密，芽晚而青黄。

六曰晚茶，盖稽茶之类，发比诸茶晚，生于社后。

七曰丛茶，亦曰蘗茶，丛生，高不数尺，一岁之间，发者数四，贫民取以为利。①

宋人看到茶树品种的差异与地理环境的差异相互作用，如前文所引"茶于草木，为灵最矣。去亩步之间，别移其性"，更增加了茶树品种与制成茶叶的细微差异。不同的茶树品种适制不同用途的茶叶，而其中的特殊小品种"白叶茶"，因为能够满足建安人斗茶以白为上的标准，得到了建安人特别的青睐。

白叶茶后来一般被称为白茶，是偶然出现的变异品种，"崖林之间偶然生出，盖非人力可致"，茶株数量又特别少，建安的少数茶园中有天然生出一株两株白茶树，非人力可以种植，"正焙之有者不过四五家，生者不过一二株"，"其叶莹薄"②，"芽叶如纸"。白茶早在建安民间就自为斗茶之上品，北宋前期开始，拥有白茶之家，在建安民间斗茶中总能获胜，民间将白茶视为"茶瑞"，北宋中期以后，人们干脆就

---

① 《东溪试茶录》"茶名"，《中国古代茶书集成》，第108页。

② 《大观茶论》"白茶"，《中国古代茶书集成》，第125页。

将它称为"斗茶"①。

北宋前、中期，民间对白茶的"信念"影响到文人茶人，传致品鉴之间，产生了称颂白茶的诗文。梅尧臣《王仲仪寄斗茶》诗句："白乳叶家春，铢两直钱万"②，就说明叶家的白茶是斗茶；苏轼《寄周安孺茶》中也有"自云叶家白，颇胜中山醿"③；刘弇《龙云集》卷二八《茶》亦说："其品制之殊，则有……叶家白、王家白……"④。这些说明叶家、王家的天生白茶一直都很有名，而这是斗茶之斗色使然。

因为白茶的珍贵及不能因人工努力而可得，这一稀有资源拥有者在斗茶及商业利益方面的差异，还曾导致建安民间业茶者的恶性竞争。宋代最著名的大茶人蔡襄对此多有所记。

《思咏帖》是蔡襄于皇祐三年（1051）自福建赴汴京途中经杭州遇诸友人，逗留两月，临行前给友人冯京的道别信。此帖文字较多。在叙述欢聚别情之间之余，两次讲到茶："襄得足下书，极思咏之怀。在杭留两月，今方得出关。历赏剧醉，不可胜计，亦一春之盛事也。知官下与郡侯情意相通，

---

① 《东溪试茶录》"茶名"，《中国古代茶书集成》，第108页。
② ［宋］梅尧臣：《王仲仪寄斗茶》，《全宋诗》卷二四七，第5册，北京大学出版社，1991年版，第2905页。
③ ［宋］苏轼：《寄周安孺茶》，《全宋诗》卷八〇五，第14册，第9327页。
④ ［宋］刘弇：《龙云集》卷二八《策问第三十六·茶》，曾枣庄、刘琳主编：《全宋文》卷二五五八，第119册，上海辞书出版社，2006年版，第31页。

此固可乐。唐侯言：王白今岁为游闰所胜，大可怪也。初夏
时景清和，愿君侯自寿为佳。襄顿首通理当世足下。大饼极
珍物，青瓯微粗。临行匆匆致意，不周悉。"（见图1-2）

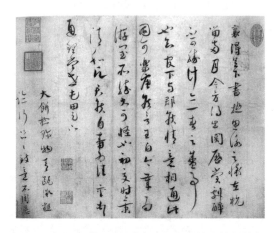

图1-2　蔡襄《思咏帖》（现藏台北故宫博物院）

帖中两次言及茶事。一是转告冯京刚从福建路转运使
唐询那里得到的茶消息：王家白茶今年斗茶时被游闰家的白
茶胜过，蔡襄觉得非常奇怪。蔡襄与王家白茶的渊源甚深，
十五年后王家白茶枯树生枝缀叶，所产叶只制得一枚小小的
比五铢钱（直径约2.1厘米）还小的茶饼，主人不远四千里
送到汴京来请蔡襄品尝，蔡襄大为感动，为之作《茶记》以
记其事。

王家白茶闻于天下，其人名大诏，白茶唯一株，岁可作
五七饼，如五铢钱大。方其盛时，高视茶山，莫敢与之角，

一饼直钱一千，非其亲故不可得也。终为园家以计枯其株。予过建安，大诏垂涕为予言其事。今年枯柿辄生一枝，造成一饼，小于五铢。大诏越四千里。特携以来京师见予，喜发颜面。予之好茶固深矣，而大诏不远数千里之役，其勤如此。意谓非予莫之省也。可怜哉！己巳初月朔日书（治平二年，1065）①

对拥有特殊品种白茶树的园焙的重视与记载，持续到北宋末年的徽宗，除在《大观茶论》列"白茶"一篇专论品种的特殊性之外："白茶自为一种，与常茶不同，其条敷阐，其叶莹薄。崖林之间偶然生出，盖非人力所可致，正焙之有者不过四五家，生者不过一二株，所造止于二三胯而已。芽英不多，尤难蒸焙。汤火一失，则已变而为常品。须制造精微，运度得宜，则表里昭澈，如玉之在璞，他无与伦也。浅焙亦有之，但品格不及。"还在《大观茶论》列"品名"一篇专记白茶园焙："名茶各以所产之地，如叶耕之平园、台星岩，叶刚之高峰青凤髓，叶思纯之大岚，叶屿之眉山，叶五崇林之罗汉山水，叶芽、叶坚之碎石窠、石臼窠（一作突窠），叶琼、叶辉之秀皮林，叶师复、师贶之虎岩，叶椿之无双岩芽，叶懋之老窠园，名擅其门，未尝混淆，不可概举。前后争鬻，互为剥窃，参错无据。曾不思茶之美恶，在

---

① ［宋］蔡襄：《蔡襄集》卷三四，吴以宁点校，上海古籍出版社，1996年版，第633-634页。

于制造之工拙而已,岂冈地之虚名所能增减哉。焙人之茶,固有前优而后劣者、昔负而今胜者,是亦园地之不常也。"①此时所记白茶园焙皆为叶姓所有,至于所言"前后争鬻,互为剥窃"似又与蔡襄《茶记》相呼应。

从此终两宋时代,白茶都是茶叶中的第一品。

徽宗对白茶的极度推重,既是对《东溪试茶录》重视茶树品种差异的肯定,也引领了以品种差异以及小地理范围差异来判别茶品高下的风气,乃至形成传统,其风最盛者,莫过于当今普洱茶以山头论高下。从社会经济管理角度论,则为"地理标志产品认证"。然而徽宗在产地品名之外同时对"制造之工拙"的强调,却似乎并未能得到同等程度的重视。

徽宗对特殊茶品种的特别爱好,以其帝王特殊身份,使得以贡茶为代表的茶品种细化、品名多样化,这成为当时及至南宋末年一个半多世纪的定制,其制度与观念对于中国茶文化传统的影响也尤为深远。基于茶树品种和地域差异的各款茶叶,成就了爱茶人的偏好,一方面,既极大地丰富了中国茶叶的品名种类,又丰富了中国茶叶消费者的感官体验的层次和滋味享受。而在另一方面,基于小品种和地域差异的茶叶产量的有限性,使得仿制和造假自北宋以来就不曾停歇过;发展到近代工业化介入茶叶领域,使得品名高附加值与产业化、品牌化发展之间产生很难调和的矛盾,19世纪末以

---

① 《大观茶论》:"白茶""品名",《中国古代茶书集成》,第125、127页。

来，便一直是中国茶业的主要难题之一。这些都是宋代留给中国茶业与文化的双重遗产。

3. 茶叶种植与茶园田间管理

在宋代，"茶已经是一种日益高度发展的商品生产，而不再是一种农村副业了"[①]。茶作为最重要的经济作物，茶叶的产量增加、品质提高，都是由这一时期的茶叶生产制作技术作保证的。

关于茶叶种植，唐代陆羽《茶经》讲种茶之法"法如种瓜"[②]而不细言，因其法已是诸家农书所载常识。北魏贾思勰《齐民要术》卷二《种瓜》第十四有详细讲解："凡种法，先以水净淘瓜子，以盐和之。先卧锄，耧却燥土，然后掊坑。大如斗口，纳瓜子四枚、大豆三个于堆旁向阳中。瓜生数叶，掐去豆，多锄则饶子，不锄则无实。"[③]也即用四枚种子播种。随着唐中后期茶叶经济贸易的发展，茶叶种植与种瓜开始有了发展性分化。唐末至五代时人韩鄂《四时纂要》卷二载种茶法与之有大区别："种茶，二月中于树下或北阴之地开坎，圆三尺深一尺，熟劚着粪和土，每坑种六七十颗子，盖土厚一寸强，任生草，不得耘。相去二

---

① 傅筑夫：《中国经济史论丛》（下），生活·读书·新知三联书店，1980年版，第690页。

② 《茶经校注》，第8页。

③ [北魏]贾思勰：《齐民要术》卷二《种瓜》第十四，石声汉点校：《齐民要术今释》，中华书局，2009年版，第183—184页。

尺种一方，旱即以米泔浇。"①种瓜用四枚种子，种茶则用六七十颗的多子密植法。而且因为密植，长成后必然形成丛株，因而也在种植之时即重视并设定了每坑即将来丛株之间的间距。

　　茶树根不能遭水浸，种植在山坡上最宜，如果种植于平地，就要在茶垄两侧开深沟以泄水："大概宜山中带坡坂，若于平地，即于两畔深开沟垄泄水，水浸根必死。"②

　　《旧唐书》记唐代德宗贞元五年（789）正月，下诏"以二月一日为中和节，以代正月晦日，备三令节数"。唐代的"三节"原为正月末日（一般为三十日），三月三，九月九，诏令以二月一日代替一月的最后一日，并名之以"中和节"，成为新三节之一。在这一新设的佳节，因为仲月之二月，春天真正到达，天地万物开始萌发，设立节日，有助于万物复苏生长："以春方发生，候及仲月，勾萌毕达，天地和同，俾其昭苏，宜助畅茂"，在这一新令节，除了"内外官司休假一日"即公务系统全员休假一天外，最重要的是要"百官进农书，司农献穜稑之种，王公戚里上春服，士庶以刀尺相问遗，村社作中和酒祭勾芒，以祈年穀"③，全社会穿新衣迎新，

①　［唐］韩鄂：《四时纂要》，缪启愉选译：《四时纂要选读》，农业出版社，198年版，第30页。
②　［元］司农司编撰：《农桑辑要》卷六"茶"，石声汉校注：《农桑辑要校注》，中华书局，2014年版，第237页。
③　［后晋］刘昫等：《旧唐书》，中华书局，1975年点校本，第367页。

上自百官进农书，农业部门备先种后熟和后种先熟的种子，乡村村社备酒祭主管草木之神勾芒。一切以农为本。

宋代民间继续唐代以来的中和节，《梦粱录》卷一《二月》记："二月朔，谓之中和节。民间尚以青囊盛百谷瓜果子种互相遗送，为献生子。禁中宫女以百草斗戏。百官进农书，以示务本。"①

南宋高宗绍兴十九年"秋七月壬寅颁诸农书于郡邑"②，而未言何家农书，韩鄂《四时纂要》应在其中。虽然宋代地方官员多有劝农之文，宋代的农书只传下一本，即陈敷所作《农书》。不过其中并无种茶的内容。

《元史》卷九三记元世祖即位之初："世祖即位之初，首诏天下：国以民为本，民以衣食为本，衣食以农桑为本，于是颁《农桑辑要》之书于民，俾民崇本抑末。"③清代四库馆臣对元官撰颁行本《农桑辑要》给予了很高的评价："大致以《齐民要术》为蓝本，芟除其浮文琐事，而杂采他书以附益之。详而不芜，简而有要，于农家之中最为善本，当时著为功令，亦非漫然矣。"④时为中统元年（1260），一说以至元七年（1270）设司农司时颁行此书。两个时间年份皆当蒙宋战

---

① 《梦粱录》卷一，《全宋笔记》第八编第五册，第98页。
② 《宋史》卷三〇，第570页。
③ ［明］宋濂等：《元史》卷九三，中华书局，1976年点校本，第2354页。
④ ［清］永瑢等：《四库全书总目》卷一百二，中华书局，1965年版，第853页。

争胶着之时，可见世祖确实善政。

《农桑辑要》卷六《茶》：

《四时类要》：熟时收取子，和湿沙土拌，筐笼盛之，穰草盖，不尔即冻不生，至二月中出。种之于树下或北阴之地，开坎圆三尺、深一尺，熟斸着粪和土，每坑中种六七十颗子。盖土厚一寸强，任生草，不得耘。相去二尺种一方。旱时以米泔浇。此物畏日，桑下、竹阴地种之皆可。二年外方可耘治，以小便、稀粪、蚕沙浇拥之，又不可太多，恐根嫩故也。大概宜山中带坡坂，若于平地，即于两畔深开沟垄泄水，水浸根必死。三年后收茶。[①]

完全采录韩鄂《四时纂要》卷二内容，只是将收取茶子内容部分前置而已[②]。因为蒙元沿用了宋金的许多制度，这部其尚未占领南宋大部分茶产区时颁行的《农桑辑要》中种茶的内容表明宋元时期种茶一直沿用唐末五代以来方法。关于宋元种茶法目前研究中有两个问题，一是关于植坑间距，有研究似只注意到"相去二尺种一方"[③]，因而估算一亩地可种一千多丛茶株，而忽略了每一株丛所挖坑"圆三尺深一尺"即圆径三尺的内容，丛株本身占三尺，加丛株间距二

---

① 《农桑辑要校注》卷六，第237页。
② 王祯《农书》卷十《茶》引《四时类要》收茶种茶次序与《农桑辑要》同，但文字多有小改动。此二书皆以物产为主题论茶，而鲁明善《农桑衣食撮要》则言以时令，二月种茶，摘茶做茶也在二月，九月寒露收茶子。
③ 又或许只看到元代鲁明善《农桑衣食撮要》卷上所言："相离二尺种一丛"。

尺，实际每五尺种一丛茶；同时也忽略了韩鄂所言"每亩计二百四十科"。

今人研究估算，宋代茶叶年总产量多达近亿斤，这还与其茶园管理水平的提高相关。

《四时纂要》要求茶初种时，"盖土厚一寸强，任生草，不得耘"，"二年外方可耘治"。宋代茶园常规耘治，于每年六月进行，赵汝砺《北苑别录》云："草木至夏益盛，故欲导生长之气以渗雨露之泽。每岁六月兴工，虚其本，培其土，滋蔓之草，遏郁之木，悉用除之。政所以导生长之气，而渗雨露之泽也。此之谓开畬。"《建安府志》云："开畬，茶园恶草，每遇夏日最烈时，用众锄治，杀去草根，以粪茶根。"开畬可以清除杂草，保持茶园土壤湿润，除下的去根杂草堆在茶树根边还可以成为茶树的肥料。民间茶园户因为认识到开畬除草的作用，一年之内会于夏、秋两季耘治除草，故而茶树生长常比官园茂盛："若私家开畬，即夏半初秋各用工一次，故私园最茂。"[1]

宋人已经认识到以间作植物对茶树光照的调节作用有利于提高茶叶的质量，因而会有意识地在茶园中种遮阴树，如徽宗《大观茶论》所言："今圃家皆植木。"[2] 而在开畬时，会将间作的桐树保留："惟桐木则留焉。桐木之性与茶相宜，而

---

① ［宋］赵汝砺：《北苑别录》，《中国古代茶书集成》，第155页。
② 《大观茶论》，《中国古代茶书集成》，第125页。

又茶至冬则畏寒，桐木望秋而先落。茶至夏而畏日，桐木至春而渐茂。"[1]也有种植桑树的，如张镃《自料》诗所言："植茶要是依桑荫。"[2]

宋元植茶都注重施肥，种植时，《四时纂要》用"熟㸦着粪和土"种，《农桑辑要》提出"用糠与焦土种"，"旱时以米泔浇"，耘治后"以小便、稀粪、蚕沙浇拥之，又不可太多，恐根嫩故也"。

而对于特殊小品种的"茶瑞"白茶，民间茶园户则给予特别的管理，熊蕃《宣和北苑贡茶录》记曰：

> 庆历初，吴兴刘异为《北苑拾遗》，云：官园中有白茶五六株，而壅焙不甚至。茶户唯有王免者，家一巨株，向春常造浮屋以障风日。[3]

因为王家茶园中白茶树为一"巨株"，估计一般的桐树不能为其遮阴，所以不待至春而渐茂的桐树，春天刚开始时就搭建临时的棚屋，为宝贝白茶树障蔽风日。现代日本宇治抹茶生产必须遮阴，与此有异曲同工之处。

---

① 《北苑别录》，《中国古代茶书集成》，第155页。
② 《全宋诗》卷二六八五，第50册，第31602页。
③ ［宋］熊蕃：《宣和北苑贡茶录》，《中国古代茶书集成》，第135页。

第二章

登峰造极的宋代贡茶

木 待 制

在种植管理的基础上，宋代贡茶生产制作，从茶叶鲜叶采摘、拣择已采茶叶、洗濯茶叶、蒸茶、榨茶、研茶、造茶（制饼）、焙茶到贮藏，其中人力、物力和技术的投入，每个生产工序和环节都极尽精益求精之能事，而这些都是上品茶诞生不可缺一的因素。宋代提出了上品茶的标准与内涵和全面的茶叶鉴别标准。同时还发现，制成茶叶的种种问题都对应了制作过程中不同环节出现的问题。

一、茶叶采摘与喊山

宋代中国的茶产区主要分布在北半球的温带地区，茶叶主要采摘期分为春、秋两季。古人已经意识到因采茶时间早晚和先后而形成茶叶之间的区别。郭璞注《尔雅》"槚"云："今呼早采者为茶，晚取者为茗。"[①]到唐代，采茶期开始主要集中在春季和初夏，如陆羽《茶经》所言："凡采茶，在二月、三月、四月之间"，也就是大致在公历的三月中下旬至五月中下旬，对于所采之茶的品质，并无早即是好的想法，而是注重茶叶自身的生长状况，选取采摘的标准是茶叶要长得健壮肥腴，所谓"选其中枝颖拔者采焉"[②]。唐人言茶，"以

---

① ［晋］郭璞注，［宋］邢昺疏：《尔雅注疏》卷九《释木第十四》，《十三经注疏》，第5737页。
② 《茶经校注》，第22页。

新为贵"①，杨晔《膳夫经手录》在言及唐代名茶蒙顶茶时说："春时，所在吃之皆好"②，而且这里所指的蒙顶茶也是谷雨（4月20日③）之后才开始采摘的，大规模采摘可能要迟至"春夏之交"。唐代以后人们在观念上都极注重春茶，如邵晋涵《尔雅正义》释木第十四"槚"条云："以春采者为良"④，从唐至今并无多大变化。

晚唐僧齐己茶诗《咏茶十二韵》中"甘传天下口，贵占火前名"及《闻道林诸友尝茶因有寄》中"高人爱惜藏岩里，白硾封题寄火前"⑤表明，人们已经开始将时间较早的"火前"茶看成是较好的茶叶了。最晚到五代时，人们就已经开始用时间先后来品第茶叶品质。如毛文锡《茶谱》中言："邛州之临邛、临溪、思安、火井，有早春、火前、火后、嫩绿等上中下茶"，并以采摘制造于某个特定时间如清明当日者为最好的茶，如"龙安有骑火茶，最上，言不在火前、不在火后作也。清明（4月5日）改火，故曰骑火"⑥。

北宋初，品质好的茶叶与唐末、五代相同，仍然是"采

---

① ［唐］刘禹锡：《代武中丞谢赐新茶第一表》，［清］董诰等编：《全唐文》卷六〇二，中华书局，1983年影印本，第6081页。

② ［唐］杨晔：《膳夫经手录》，碧琳琅馆丛书本。

③ 节气后所注公历月日，历年同一节气最多只有上下一天之差。

④ ［清］邵晋涵：《尔雅正义》卷第十五《释木第十四》，中华书局，2017年版，第850页。

⑤ 《全唐诗》卷八四三、卷八四六，第9523、9571页。

⑥ ［五代］毛文锡：《茶谱》，《中国古代茶书集成》，第82页。

以清明"①，以"开缄试新火"②即明前茶为贵。但由于宋太宗
及其后各朝皇帝对贡茶的重视，刺激了宋代贡茶制度的急
剧发展，主持贡茶的地方官员竞相争宠贡新，其状如欧阳
修《尝新茶呈圣俞》所言："人情好先务取胜，百物贵早相
矜夸"③，致使每年首批进贡新茶的时间越来越早。到北宋中
后期，上品茶的时间概念已从清明之前提前到了社日④之前，
因为北苑官焙常在惊蛰（3月5日）前三日兴役开焙造茶（遇
闰则后二日），"浃日乃成，飞骑疾驰，不出中春（春分，3
月20日前后），已至京师，号为头纲"⑤。

　　惊蛰是万物开始萌发的时节，在中国南方温暖的福建，
如建安北苑壑源，茶叶自惊蛰前开始发芽，以惊蛰为候在其
之前开始采摘茶叶，确符物候之理。

　　建安茶园开始采茶之日，从喊山开始。喊山是一个与
西方复活节顺势巫术民俗相类似的、春天万物复苏的民俗。
先春喊山，即在惊蛰前三天开焙采茶之日，凌晨五更天之

---

① ［宋］宋祁：《甘露茶赞》，《景文集》卷四七。见《全宋文》卷五二三，第
　　25册，第41页。
② 丁谓《煎茶》，见《苕溪渔隐丛话》前集卷四六。《全宋诗》卷一〇一"新
　　火"作"雨前"，第1149页。
③ 欧阳修《尝新茶呈圣俞》，《全宋诗》卷二八八，第6册，第3646页。
④ 社日是古时祭祀土地神的日子，汉以前只有春社，汉以后开始有秋社。周
　　代本用甲日，自宋代起，以立春、立秋后的第五个戊日为社日。本书言茶
　　时一般都指春社。
⑤ 熊蕃：《宣和北苑贡茶录》，见《中国古代茶书集成》，第136页。赵汝砺
　　《北苑别录·开焙》中也有相似记载。

时，聚集千百人上茶山，一边击鼓一边喊："茶发芽！茶发芽！"《宋史·方偕传》记曰："县产茶，每岁先社日，调民数千，鼓噪山旁，以达阳气。"虽然仁宗年间方偕知建安县时，"以为害农，奏罢之"[1]。但似乎在方偕之后，喊山的习惯并未停息，只是此后喊山的人数不再像此前有数千人之多，一般都在千百人左右。据《文昌杂录》卷四载："建州上春采茶时，茶园人无数，击鼓闻数十里。"[2] 欧阳修有多首茶诗记叙了此事，如《和梅公仪尝茶》："溪山击鼓助雷惊，逗晓灵芽发翠茎"，《尝新茶呈圣俞》："年穷腊尽春欲动，蛰雷未起驱龙蛇。夜闻击鼓满山谷，千人助叫声喊呀。万木寒凝睡不醒，惟有此树（茶树）先萌芽。乃知此为最灵物，宜其独得天地之英华。"[3]

因北苑茶在惊蛰前就发芽，不同于其他众多的植物，喊山就成了摘茶前的一个重要的民俗仪式，茶树似乎是被"茶发芽"的喊山之声喊醒而发芽的，采茶人也被这种由自己作出的、在世界很多民族中流行甚久并形成多种传统的或民俗的文化现象的顺势巫术所激发，更加认定茶是一种有灵之物。这种认识当是宋人对茶的精神和文化品性认识的深层次的基础性认识。

喊山祈愿的民俗内涵在后代被礼仪化的祭祀程序包纳。

---

① 《宋史》卷三〇四《方偕传》，第10096页。

② ［宋］庞元英：《文昌杂录》卷四，《全宋笔记》第二编第四册，第154页。

③ 分见《全宋诗》卷二九三、卷二八八，《全宋诗》第6册，第3700、3646页。

元代官茶园移至崇安县武夷山，新官焙继承了建安北苑的喊山之习，但有所变通。至顺三年（1332），建宁总管暗都剌《喊山台记》记其"于东皋茶园之隙地，筑建坛禅，以为祭礼之所。庶民子来，不日而成，台高五尺，方一丈六尺，亭其上，环以栏楯，植以花木"[①]。从此，喊山与有司的开山祭祀即在喊山台举行。清周亮工《闽小记》记元明时的武夷御茶园时记曰："御茶园在武夷第四曲，喊山台、通仙井俱在园畔。前朝著令，每岁惊蛰日，有司为文祭祀。祭毕，鸣金击鼓，台上扬声同喊曰'茶发芽'。"周亮工还在其《闽茶曲》中专门记叙此事："御茶园里筑高台，惊蛰鸣金礼数该。那识好风生两腋，都从着力喊山来。"[②]从中不难领略到民俗的生命力。

当代，由于茶产业与文化的相互促进发展，在福建武夷山、福鼎，四川大竹县等茶区，人们在当地特别举办的茶文化节活动中开始继续进行"喊山"活动，只是除了武夷山有时会在茶园中进行外，大多是在文化节开幕式的地方开展，而且所喊内容多为"开茶啰"之类，与喊山促芽生发的原意，已经渐行渐远了。因为国际上相关研究表明，人类在植物园区击鼓和喊叫，确实有助于植物的生长：

近年来，有一些其他报导说，植物或菌类经过声音震

---

① ［元］暗都剌：《喊山台记》，载［明］喻政《茶集》卷之上，平安考槃亭藏本。
② ［清］周亮工：《闽小记》卷上，丛书集成初编，中华书局，1985年版，第6页。

动有助生长的作用，《北京晚报》1996年9月25日刊载题为
《鼓声助长》文说：日本北海道穗别町的蘑菇种植区，自古
以来有个传说：香菇在雷声中长得最好。当地一家香菇栽培
公司根据这种传说，"用扩音器播放近似雷声的大鼓声的录
音，在香菇菌发芽前的一周至10天内每天早上和中午各放一
次录音，每次半小时，这种方法果然奏效，香菇长得又快又
均匀"。

无独有偶，今年（1999）2月21日《北京晚报》又刊一
则报导，题为《英国人喜欢同植物聊天》，说英国王储查尔
斯王子在一部电视纪录片中承认他经常同植物聊天，而遭到
一些人的嘲笑。而"园艺学家表示，同植物交谈的确能够帮
助植物生长，因为人自肺中呼出的气中含有大量有助于植物
生长的二氧化碳"。[1]

所以，传承传统同时与科技研究结合开发，才是当今发
展茶文化的不二法门。

惊蛰成为宋代茶叶采摘的节气以后，除去徽宗宣和年间
的一段时间外，北宋后期至南宋中后期的头纲贡茶时间皆在
春分或春社社日之前。立春后第五个戊日为春社，其日适在
春分前后。如2021年，春社在3月17日，春分在3月20日。
茶贵社前，成为宋代人们品定上品茶与时间相关的主要观
念。如蔡绦《铁围山丛谈》卷六："茶茁其芽，贵在于社前，

---

① 王郁风：《古代采茶"喊山"之谜》，《茶叶》1999年第2期，第102页。

则已进御。"① 又如王观国《学林》卷八《茶诗》"茶之佳品，摘造在社前；其次则火前，谓寒食前也；其下则雨前，谓谷雨前也。"②《宋史》卷一八四《食货志》记建宁腊茶亦有类似记载："其最佳者曰社前，次曰火前，又曰雨前。"③等等。

　　具体采茶时，除了对季节性时间的要求外，宋人对贡茶采茶条件的要求极高。首先是对时令气候的要求，即黄儒《品茶要录》之一《采造过时》所要求的"阴不至于冻、晴不至于暄"的初春"薄寒气候"④。其次是对采茶当日时刻的要求，一定要在日出之前的清晨："采茶之法须是侵晨，不可见日。晨则夜露未晞，茶芽肥润；见日则为阳气所薄，使芽之膏腴内耗，至受水而不鲜明。"⑤中国古代一直认为夜降甘露是非常富有灵气和营养的，杜育《荈赋》认为茶神异性的原因其中之一就是"受甘灵之霄降"。宋人认为对于茶的品质而言，晨露还有更明确的作用，在日出之前采茶，附着在茶叶表面的夜露所富含的"膏腴"便能得以保存，日出之后，夜露散发，茶叶之"膏腴"亦会随之而流失。

　　为了实现采茶当日对采茶时间的严格要求，北苑官焙从

---

① ［宋］蔡绦：《铁围山丛谈》，冯惠民、沈锡麟点校，中华书局，1983年版，第106页。
② ［宋］王观国：《学林》卷八，《全宋笔记》第四编第二册，第68页。
③ 《宋史》卷一八四《食货志》，第4509页。
④ ［宋］黄儒：《品茶要录》，《中国古代茶书集成》，第112页。
⑤ 见《北苑别录·采茶》，《中国古代茶书集成》，第150-151页。另《东溪试茶录·采茶》《大观茶论·采摘》于此也有类似论述。

管理角度对采茶时间进行针对性设计。一是打鼓上山以保证
及时上山采茶和有充足的采茶时间，如熊蕃《御苑采茶歌》
之一所述："伐鼓危亭惊晓梦，啸呼齐上苑东桥。"之二："采
采东方尚未明，玉芽同获见心诚。"二是要在清晨日出之前，
采摘带有夜露的茶叶，为了避免工人贪多务得，在超过规定
的时间继续采茶，而使原料茶叶不符合制造上品茶的要求，
还专门设了一名官员在日出之前鸣钲收工。如熊蕃《御苑采
茶歌》之四："纷纶争径蹂新苔，回首龙园晓色开。一尉鸣钲
三令趣，急持烟笼下山来。（蕃自注：采茶不许见日出）"之
五："红日新升气转和，翠篮相逐下层坡。茶官正要龙芽润，
不管新来带露多。（采新芽不折水）"[1]因为北苑官茶焙也采
用雇佣劳动以计量付酬，为了让采茶工人自愿带露采茶以保
鲜，采用不折水以原始重量付酬劳的方式。宋人对采茶时间
的要求既有科学也有不甚科学之处，但总体上反映了宋人对
茶叶的原材料与成品之间关系的认识。

　　采茶还从卫生和鲜洁的角度要求采茶用指甲的"甲"部
分而不是指肚部位："凡断芽必以甲，不以指"，因为"以甲
则速断不柔（揉），以指则多温易损"，又"虑汗气熏渍，茶
不鲜洁"[2]。即不要让茶叶在采摘过程中受到物理损害和汗渍
污染以保持其鲜洁度。最好的茶原料，为了保持采下茶叶的

---

[1]　见《宣和北苑贡茶录》，《中国古代茶书集成》，第143页。
[2]　参见《东溪试茶录·采茶》《大观茶论·采摘》，《中国古代茶书集成》，第
　　109、125页。另，《北苑别录·采茶》也有类似论述。

鲜洁度，最极致的采茶要求是："采佳品者，常于半晓间冲蒙云雾，或以罐汲新泉悬胸间，得必投其中，盖欲鲜也。"[1]即要求采工随身携带盛着新泉水的罐子，将所采茶叶放入其中。

从《茶经》看，唐人对采茶并无多大讲究，只要求无云之晴天即可采之，与宋代繁复的采茶要求相比显得至为简单，这反映出宋人对茶叶品质的重视从茶叶生产的第一步就开始了。

二、茶叶拣择与原料等级区分

宋代贡茶生产在茶叶采摘之后、蒸造之前，要比唐代茶叶生产以及宋代一般茶叶生产多一道工序：拣茶。其实，宋代贡茶生产在采茶时业已有过一次选择，《东溪试茶录·茶病》："芽择肥乳"，即要选择生长茁壮肥腴的芽叶采摘，这点与陆羽《茶经》中所述的唐代采茶要求"选其中枝颖拔者采焉"相同。

对摘下的茶叶进行分拣是为了把控鲜叶原料的品质，主要是要拣择出对所造茶之色味有损害的白合与乌蒂及盗叶。到南宋中期，需要拣择掉的又加入了紫色的茶叶——虽然陆羽在《茶经》中认为"紫者上"，但因为紫色的茶叶会影响宋代茶叶尚白的品质，且其滋味过于浓强，所以反而要剔除

---

[1] 黄儒《品茶要录》之七"压黄"，《中国古代茶书集成》，第112页。

掉。所谓白合，乃小芽有两叶抱而生者是也："一鹰爪之芽，有两小叶抱而生者"，盗叶乃"新条叶之抱生而白者"，乌蒂则是"茶之蒂头"，"既撷则有乌蒂"。白合、盗叶会使茶汤味道涩淡，乌蒂、紫叶则会损害茶汤的颜色[1]。

现代研究对茶树生长不同时间不同部位的叶片给出了专门的名称。茶叶初萌，芽头始生，就会生出两小片保护性的叶片，现代称为鳞片，即宋人所称"白合"者。鳞片没有叶柄，质地较硬，表面有绒毛和腊质，颜色较深。鳞片长开后，长大成叶状的第一片叶子，称为鱼叶，颜色较浅淡，叶质较厚且硬脆，一般呈黄绿色。鱼叶即宋人所谓"盗叶"者。

拣茶的工序，最后发展成为对用以制作茶饼的茶叶原料品质的等级区分，这也是之前茶叶生产制造过程中所没有的。虽然五代前后蜀时四川等茶区已经注意到嫩芽所制茶叶者品质上佳，如毛文锡《茶谱》言："蜀州晋原、洞口、横源、味江、青城，其横源雀舌、鸟嘴、麦颗，盖取其嫩芽所造，以其芽似之也。又有片甲者，即是早春黄茶，其叶相抱如片甲也。蝉翼者，其叶嫩薄如蝉翼也。皆散茶之最上也。"[2]但尚未着意区别鲜叶的原料等级。

宋代建州地区生产贡茶时，严格区分鲜叶等级标准。

北宋晚期宣和庚子岁（1120）以前贡茶的原料一般分为

---

[1] 参见《东溪试茶录·茶病》，《品茶要录》之二《白合盗叶》，《北苑别录·拣茶》，分见《中国古代茶书集成》，第109、112、151页。

[2] 毛文锡：《茶谱》，《中国古代茶书集成》，第82页。

二级，只是称谓时有不同而已。《宣和北苑贡茶录》引周绛《补茶经》称为芽茶和拣芽："芽茶只作早茶，驰奉万乘尝之可矣。如一枪一旗，可谓奇茶也。""故一枪一旗号拣芽，最为挺特光正。"[1]而黄儒《品茶要录》称："茶之精绝者曰斗，曰亚斗，其次拣芽"，徽宗《大观茶论》言："凡芽如雀舌谷粒者为斗品，一枪一旗为拣芽"，都将第一等级的芽茶称为斗品。熊蕃《宣和北苑贡茶录》将贡茶原料列举了三等："凡茶芽数品，最上曰小芽，如雀舌、鹰爪，以其劲直纤锐，故号芽茶。次曰中芽，乃一芽带一叶者，号一枪一旗。次曰紫芽，乃一芽带两叶者，号一枪两旗。其带三叶四叶皆渐老矣。"[2]

熊蕃《宣和北苑贡茶录》首次记录了"旷古未之闻"的水芽，"宣和庚子岁，漕臣郑公可简，始创为银线水芽。盖将已拣熟芽再剔去，只取其心一缕，用珍器贮清泉渍之，光明莹洁，若银线然"，赵汝砺《北苑别录》说这"是芽中之最精者也"[3]。

宣和以后，北苑官焙贡茶的原料等级分为四等：水芽、小芽、中芽、拣芽。基础是芽茶，芽茶之芯为水芽，小芽为独芽茶，中芽为一芽一叶，拣芽为一芽两叶。按：虽然熊蕃在文字叙述中，将第四等原料称为紫芽，而赵汝砺《北苑别录》则将紫芽认为是"叶以紫者是也"，而且应当是拣除的

---

① 《宣和北苑贡茶录》，《中国古代茶书集成》，第135页。
② 分见《中国古代茶书集成》，第112、125、135页。
③ 分见《中国古代茶书集成》，第135、151页。

不合乎标准的原料。但观以赵汝砺书，其所列举的贡茶纲次中各款茶的原料，水芽、小芽、中芽之后的等级称为拣芽，所以或是熊蕃之书传写有误，一芽二叶的茶叶原料，当称为拣芽。

从此，茶叶原料的等级又决定了以其制成的茶饼的等级。

清代中国茶成为国际茶叶贸易的最大宗之后，茶叶生产商品化程度迅速提高，英国作为宗主国在印度等殖民地国家开始茶叶的工业化大生产后，茶叶等级的区分，与原料等级不再完全等同。而中国特色的茶叶生产技术标准与文化也被忽视。至中华人民共和国成立后特别是20世纪80年代以后，完全取用芽头生产的茶叶标准，才被重新提出并得到重视（其间也有争议和不赞同的声音），成为上品茶的原料基础标准。

值得注意的是，宋代茶叶拣选是在进行制造之前的原料阶段进行的，与现代某些茶叶生产在完成制作的所有工序后进行拣择：如乌龙茶的剔梗、普洱茶的去杂等是不同的，制茶之前的原料拣选，保证了原料能以匀整齐净的状态进入均衡的制造，从而保证成品茶的品质。

三、蒸茶与蒸青工艺（附：榨茶）

用现代制茶工艺用语来说，宋代制茶的主要杀青工艺是蒸青。

拣过的茶叶再三洗濯干净之后，就进入了制茶的第三道工序：蒸茶。赵汝砺《北苑别录》："茶芽再四洗涤，取令洁净，然后入甑，俟汤沸蒸之。"[1]此工序唐宋皆同，唯宋人特别讲究蒸茶的火候，既不能蒸不熟，也不能蒸得太熟，因为不熟与过熟都会影响成品茶的品质，影响点试时茶汤的颜色和滋味。

黄儒认为："蒸有不熟之病，有过熟之病。蒸不熟，则虽精芽，所损已多。试时色青易沉，味为桃仁之气者，不蒸熟之病也。唯正熟者，味甘香。"既有不熟之病，亦有过熟之病，"试时色黄而粟纹大者，过熟之病也。然虽过熟，愈于不熟，甘香之味胜也。故君谟论色，则以青白胜黄白；余论味，则以黄白胜青白"[2]。

宋徽宗《大观茶论》"蒸压"认为："茶之美恶，尤系于蒸芽压黄之得失。蒸太生则芽滑，故色清而味烈；过熟则芽烂，故茶色赤而不胶。压久则气竭味漓，不及则色暗味涩。蒸芽欲及熟而香，压黄欲膏尽亟止，如此，则制造之功十已得七八矣。"[3]

赵汝砺《北苑别录》"蒸茶"则认为："然蒸有过熟之患，有不熟之患，过熟则色黄而味淡，不熟则色青易沉，而有草木之气，唯在得中之为当也。"[4]

---

① 《中国古代茶书集成》，第151页。
② 《品茶要录》"蒸不熟""过熟"，《中国古代茶书集成》，第112页。
③ 《中国古代茶书集成》，第125页。
④ 《中国古代茶书集成》，第151页。

三人对蒸不熟之茶所论皆同，唯对于蒸过熟之茶的色泽同有黄、赤之别。

黄儒则还看到蒸茶不当还有一个更为严重的问题，即蒸锅内的水被烧干，不仅会使蒸茶过熟，而且还会出"焦釜之气"："茶，蒸不可以逾久，久而过熟，又久则汤干，而焦釜之气上。茶工有泛新汤以益之，是致熏损茶黄。试时色多昏红，气焦味恶者，焦釜之病也。（建人号为热锅气）"[①]

一般研膏茶的茶叶蒸洗后就研茶，而作为贡茶的建茶，在研茶之前还有一项最重要的工作：榨茶，即将茶叶的汁液榨压干净。赵汝砺《北苑别录》论述较为详细：因为"建茶之味远而力厚"，不这样就不能尽去茶膏（茶叶的汁液），而"膏不尽则色味浊重"，影响茶汤的品质。榨茶也是一项繁重的工序：蒸好淋洗过的茶叶，"方入小榨，以去其水，又入大榨出其膏。先是包以布帛，束以竹皮，然后入大榨压之，至中夜取出揉匀，复如前入榨，谓之翻榨。彻晓奋击，必至于干净而后已"[②]。

是否榨茶去膏也是建茶与其他地方茶叶的不同之处，黄儒甚至将陆羽《茶经》中的内容拿来相比对论："昔者陆羽号为知茶，然羽之所知者，皆今所谓草茶。何哉？如鸿渐所论'蒸笋并叶，畏流其膏'，盖草茶味短而淡，故常恐去膏；建

---

① 《品茶要录》"焦釜"，《中国古代茶书集成》，第112页。
② 《北苑别录》"榨茶"，《中国古代茶书集成》，第151页。

茶力厚而甘，故惟欲去膏。"①

　　榨茶"必至于干净而后已"，如果不够干，就会影响茶的品质，黄儒称为渍膏之病："茶饼光黄，又如荫润者，榨不干也。榨欲尽去其膏，膏尽则有如干竹叶之色。惟饰首面者，故榨不欲干，以利易售。试时色虽鲜白，其味带苦者，渍膏之病也。"②

　　笔者曾经很长时间困惑于建安贡茶生产需要榨茶去膏，最终综合酚氨比、宇治抹茶生产必须覆下等知识和做法，达成如下理解：建茶贡茶品种内含物质丰富，通过榨茶榨出汁，去除其中一部分内含物，使其"力厚而甘"的内质，最终能达"甘香重滑"的完美平衡。

四、研茶——宋代贡茶生产最独特的工序

　　将蒸好的茶叶研成细膏，再进行之后的压饼等工序。一般的片茶蒸好后即以其原始叶状形态拍制成茶饼，如当今可见的普洱茶、白茶饼等，但贡茶则要研成细末再制饼，研茶是宋代贡茶生产最独特的工序。

　　此道工艺开始于唐代常州、湖州贡茶的官茶园，时称为研膏。建茶采用"研膏"方法（湖、常二州官焙制茶法）制茶，始自唐常衮官福建时，福州始制腊面茶，建州继之。张

---

① 《品茶要录》"后论"，《中国古代茶书集成》，第113页。
② 《品茶要录》"渍膏"，《中国古代茶书集成》，第113页。

舜民《画墁录》卷一记:"贞元中,常衮为建州刺史,始蒸焙而研之,谓研膏茶。"①按:常衮卒于建中四年(783),不可能在贞元(785—805)中为建州刺史。另外,常衮仅于建中元年至四年曾任福建观察使兼福州刺史,无曾为建州刺史的佐证,此事很可能是常衮于建中年间任福建观察使时的事情。总之,研膏制茶法大概在建中以后随常衮任职福建而传入,并影响到了建州地区,而建人斗茶,也称为"茗战",当与研膏制茶法传入密切相关。

研茶是中国历代茶叶生产中第一个有参数指标的工序。唐人捣茶拍饼,《茶经》只要求捣成时"叶烂而芽笋存焉",并不认为越细越好。

而在宋代北苑官焙,研茶要求极高,其所费的工时不仅是指把茶研成茶末状态,而且它也是制成茶叶品质的重要参数之一。加水入研茶盆,茶研至水干,称为一水。贡茶第一纲龙园胜雪与白茶的研茶工序都为"十六水",其余各纲次贡茶的研茶工序都是"十二水",至北宋末年已降为粗色纲茶的拣芽、小龙凤、大龙凤则仅分别需要六水、四水、二水。"研茶之具,以柯为杵,以瓦为盆。分团酌水,亦皆有数,上而胜雪、白茶,以十六水,下而拣芽之水六,小龙凤四,大龙凤二,其余皆以十二焉。"研茶工序十二水以上,每天一位研工只能研一团;六水以下,每天可研三至七团。每研

---

① [宋]张舜民:《画墁录》,《全宋笔记》第二编第一册,第210页。

一水都要求将水研干，这样茶才能"熟"。经过多年的思考，笔者以为这"熟"的意思有类于当今所谓的充分揉捻。而研"不熟"就会影响茶的品质和点试时的效果。赵汝砺《北苑别录》"研茶"记："自十二水以上，日研一团，自六水而下，日研三团至七团。每水研之，必至于水干茶熟而后已。水不干则茶不熟，茶不熟则首面不匀，煎试易沉，故研夫尤贵于强而有力者也。尝谓天下之理，未有不相须而成者，有北苑之芽，而后有龙井之水。龙井之水，其深不能以丈尺，清而且甘，昼夜酌之而不竭，凡茶自北苑上者皆资焉，亦犹锦之于蜀江，胶之于阿井，讵不信然？"①

宋代北苑用的研茶盆（见图2-1）与当代擂茶用的擂钵（见图2-2）相似。

图2-1　北苑研茶盆　　　　图2-2　当代擂茶用的擂钵

---

① 《北苑别录》"研茶"，《中国古代茶书集成》，第151-152页。

　　宋代贡茶研茶需要用水，这比较像中国南方农村地区自古以来长期使用的水磨粉，既可研细茶末，又可防止研磨过程中产生的热量对茶的品质造成不良影响。这一点在当今日本电动石磨研磨抹茶粉时仍被充分考虑。加水研磨的次数越多，面粉或茶末就会越细。对宋代贡茶来说，茶末越细，其品质就越高。研茶、捣茶皆需水，水的品质高低也是茶叶品质高低的一个重要条件，否则就会影响茶的品质。蔡襄《茶录》上篇《论茶》"味"有言："又有水泉不甘，能损茶味。"[1]受造好茶要求特殊水源观念的影响，唐宋两代贡茶之地都产生了关于贡茶制造所需之水的神话。唐代湖州贡紫笋茶，所用之水是当地的金沙泉水。相传金沙泉水相当神异，平时它没有泉水涌出，而当要开焙造贡茶时，地方官"具仪注"祭拜过之后，泉水便连珠涌出，造贡茶时出水量最大；后至造祭祀用的茶叶时，出水量开始减少；再至造地方官太守自己享用的茶叶时，泉水就越来越少，等到茶造好时，泉水也刚好停止喷涌，神异之极！毛文锡《茶谱》：

　　湖州长兴县啄木岭金沙泉，即每岁造茶之所也。湖、常二郡，接界于此。厥土有境会亭。每茶节，二牧皆至焉。斯泉也，处沙之中，居常无水。将造茶，太守具仪注，拜敕祭泉，顷之发源，其夕清溢。造供御者毕，水即微减，供堂者

---

① 《中国古代茶书集成》，第101页。

毕，水已半之。太守造毕，即涸矣。[①]

唐代官茶园贡茶量相对宋代较小，因而它所用的水有着区分贵贱的灵性，宋代贡茶量极大，与之相需而成的是北苑"昼夜酌之而不竭"的龙井水，由于"凡茶自北苑以上者皆资焉"，所以这里的水的神性就表现为取之不竭了。不过，宋人也看到了事物之间相需相成的道理，即各地著名的土产都以其独特的地理环境为依托，如前引《北苑别录》"研茶"曰："天下之理，未有不相须而成者，有北苑之芽，而后有龙井之水，……亦犹锦之于蜀江，胶之于阿井。"[②]景德三年（1006），权南剑州军事判官监建州造买纳茶务丘荷撰《北苑御泉亭记》记叙北苑官焙造茶所用之水龙凤泉的神异："龙凤泉当所汲，或日百斛，亡减。工罢，主者封莞，逮期而闾，亦亡余。异哉！所谓山泽之精，神祇之灵，感于有德者，不特于茶，盖泉亦有之，故曰：有南方之贡茶禁泉焉。"[③]庆历八年（1048）柯适撰文刻石记叙北苑贡茶事，其中亦言及"前引二泉曰龙凤池"。

所有茶叶都被研碎成极细粉末，一旦混入夹杂之物，必对茶的品质产生影响而且不可见，因而宋代贡茶生产对于研茶工序要求极高。从太宗时所下的一道专门诏令，可从正反

① 《中国古代茶书集成》，第80页。
② 《中国古代茶书集成》，第151-152页。
③ ［宋］丘荷：《北苑御泉亭记》，见［明］喻政《茶集》卷之一，《中国古代茶书集成》，第385页。

两方面看到宋人对研茶工序卫生状况的讲究。至道二年九月
"乙未，诏建州岁贡龙凤茶。先是，研茶丁夫悉剃去须发，
自今但幅巾，先瀄手爪，给新净衣。吏敢违者论其罪。"[1] 从
诏令中可见至道二年之前，为保证研茶工人须发不会掉落至
研茶盆中，而要求他们都将须发剃去。这与儒家文化中的孝
道理念相悖，《孝经》卷一"开宗明义章第一"有言："身体
发肤，受之父母，弗敢毁伤，孝之始也。"[2] 太宗在斧声烛影
的重重疑云中即大宝位，需要在多重方面建构自己的合法
性，传统的孝道也在其中，在开宝九年冬十月甲寅即位的第
二天乙卯，下诏"大赦天下，常赦所不原者咸除之。令缘边
禁戢戍卒，毋得侵挠外境。群臣有所论列，并许实封表疏以
闻，必须面奏者，阁门使即时引对。风化之本，孝弟为先。
或不顺父兄，异居别籍者，御史台及所在纠察之。先皇帝创
业垂二十年，事为之防，曲为之制，纪律已定，物有其常，
谨当遵承，不敢踰越。咨尔臣庶，宜体朕心"[3]。其中对孝悌
之道亦有要求。对于贡茶生产中有违孝道的部分，直到太宗
末年的至道二年才下诏取缔。

　　新诏令要求不再剃去研工须发，只要求幅巾戴帽，穿新
的干净的衣服，并洗干净手及指甲即可。虽然先前剃去丁夫
须发这种违反人伦的手段对茶工不无侮辱，但在制茶过程中

---

① 《续资治通鉴长编》卷四〇，第853页。
② 　见《孝经注疏》卷一，《十三经注疏》，第5526页。
③ 《续资治通鉴长编》卷十七，第382页。

讲究卫生，也算是观念上的一种进步。这种要求甚至达到了现代工业清洁化生产的要求水平，而戴帽防落发，会不会也是厨师帽的起源呢？

五、造茶——拍茶成饼

将茶叶放入棬模制成茶饼，陆羽称为"拍"，宋人称为"造茶"。棬模唐人皆以铁制，宋人则有以铜、竹、银制者；棬模的样式唐宋都比较丰富多样，有圆、有方、有花，唯宋代贡茶所用棬模大多刻有龙凤图案。《宣和北苑贡茶录》中附有宋代贡茶棬模图式38款，其中11款无图案，大凤、小凤二款图案为凤，其余25款图案皆为龙。

唐代茶业始大兴，陆羽《茶经》在"三之造"中将如何用茶具使拍饼易于进行做了详细的说明。在不能轻易摇动的台子"承"上面，放上能隔水的油绢雨衫"檐"，将"规"放在檐上，茶放入规中，造茶。

规，一曰模，一曰棬，以铁制之，或圆，或方，或花。

承，一曰台，一曰砧，以石为之。不然，以槐桑木半埋地中，遣无所摇动。

檐，一曰衣，以油绢或雨衫、单服败者为之。以檐置承上，又以规置檐上，以造茶也。茶成，举而易之。[1]

宋人对造茶工序皆无论述，应当是自唐陆羽《茶经》以

---

[1] 《茶经校注》，第16-20页。

来，此道工序已经为人所熟习，故无论叙之必要。所讲求者，唯在及时。

宋代贡茶生产极其讲究时效性，每一步骤工序都要及时进行，否则就会影响茶的品质。研茶成细末后，要立刻进入造茶工序，否则就会造成"压黄"的问题。黄儒《品茶要录》之七"压黄"言："茶已蒸者为黄，黄细，则已入棬模制之矣。盖清洁鲜明，则香色如之。……其或日气烘烁，茶芽暴长，工力不给，其芽已陈而不及蒸，蒸而不及研，研或出宿而后制，试时色不鲜明，薄如坏卵气者，压黄之病也。"[①]

六、焙茶

现代制茶工艺中，最后的工序为干燥，"干燥的温度、投叶量、时间、操作方法，是保证产品质量的技术指标"[②]。因为原料等级不齐匀、入杂、分堆分锅制作品质不一而需要拼堆匀堆、含水量不同等因素，现代制茶工艺又分初制和精制。不过无论初制还是精制，最后一道工序都是干燥。宋代贡茶，因为原料等级在制茶之始即经拣选，因而无入杂问题；造茶成饼，规格有定数，则无拼堆匀堆和投茶量问题；所需注意的是焙火时间和操作方法。

陆羽《茶经》卷上"二之具"在介绍焙茶用具"棚"

---

① 《品茶要录》"压黄"，《中国古代茶书集成》，第112-113页。
② 陈宗懋主编：《中国茶叶大辞典》"干燥"，中国轻工业出版社，2000年版，第369页。

时，介绍了焙茶的工序与要求："棚，一曰栈。以木构于焙上，编木两层，高一尺，以焙茶也。茶之半干，升下棚，全干，升上棚。"①比较简略。宋代贡茶焙火则非常注重所用焙火的材料与火候。

宋代贡茶，焙火用焙笼，其内置炭火于下，上置一种用粗竹篾编成的形状像席子的"筤"，茶饼放在焙上用炭火焙茶。其要点是"用火务令通彻"，即要慢火焙透。为此，关于焙火用燃料材质，宋人认为焙茶最好用炭火，因其火力通彻，又无火焰，而没有火焰就不会有烟，更不会因烟气而侵损茶味。但由于炭火虽火力通彻却费时长久，并增加制造成本，故茶民多不喜用炭这种"冷火"，为了快制快卖，他们用火常带烟焰，这就需要小心看候，否则茶饼就会受到烟气的熏损，点试时会有焦味。《品茶要录》之九"伤焙"对此论述甚详："夫茶本以芽叶之物就之棬模，既出棬，上筤焙之，用火务令通彻。即以灰覆之，虚其中，以热火气。然茶民不喜用实炭，号为冷火，以茶饼新湿，欲速干以见售，故用火常带烟焰。烟焰既多，稍失看候，以故熏损茶饼。试时其色昏红，气味带焦者，伤焙之病也。"②

关于焙火火候，北苑贡茶的焙茶工序极讲究工时，因为

---

① 《茶经校注》，第19页。
② 《品茶要录》"伤焙"，《中国古代茶书集成》，第113页。

如徽宗《大观茶论》"藏焙"所论："焙数则首面干而香减，失焙则杂色剥而味散"[1]，所以不是一次焙好就完工，而是焙好之后，要"过沸汤爁之"，第二天再如是重复，每焙、爁一次为一宿火。但焙火之数不像研茶水数一样与成品茶的品质成正比，因为焙火数的多寡，要看茶饼自身的厚薄，《北苑别录》"过黄"言：茶饼"銙之厚者，有十火至于十五火；銙之薄者，亦八火至于六火"，待焙火之"火数既足，然后过汤上出色。出色之后，当置之密室，急以扇扇之，则色泽自然光莹矣"[2]。

六火至于十五火的焙火工序，极费物力与人力，需要强大的财力支撑，几乎只有不计成本的贡茶生产才能做到。

七、包装

《武林旧事》卷二"进茶"记录了北苑贡茶的包装："仲春上旬，福建漕司进第一纲蜡茶，名'北苑试新'。皆方寸小夸，进御止百夸，护以黄罗软盝，藉以青箬，裹以黄罗夹复，臣封朱印，外用朱漆小匣、镀金锁，又以细竹丝织笈贮之，凡数重。此乃雀舌水芽所造，一夸之直四十万，仅可供数瓯之啜耳。"[3]

从中可见第一纲贡茶有五层包装，第一层为黄色罗所做

---

① 《大观茶论》"藏焙"，《中国古代茶书集成》，第127页。
② 《北苑别录》"过黄"，《中国古代茶书集成》，第152页。
③ ［宋］周密：《武林旧事》，《全宋笔记》第八编第二册，第35页。

的软盝子，一般都解作古代小型妆具。顶盖与盝体相连，呈方形，盖顶四周下斜。常多重套装，用作藏香器或用以盛放玺印、珠宝等贵重物品。法门寺地宫出土的七重佛指舍利盝子套装，可谓是重宝套装盝子的极品典型。

软盝子外用青箬作衬垫，这是第二层的包装。第三重用有夹层的黄罗包裹，钤印上主事官员的朱红印。第四重包装为朱漆小木匣，用镀金锁扃锁。第五重为细竹丝编织而成的箱笼之类的盛器。

五层包装，超级奢华。即使用今天的眼光来看，也是包装过度。可见当时对极品贡茶的珍视与看重。

总体来说，宋代上品茶贡茶的生产加工，人财物力投入巨大，其顶级原料的精细程度登峰造极，加工工艺附加值极大，这些都使得宋代上品贡茶品质臻至无可超越的极品地位。

八、成品茶叶的保藏

制成的茶叶极易吸湿、串味，物性使然，因而如何更好地保存茶叶，防潮、防串味，保持茶叶的色香味，至今仍是茶叶经营者与喝茶人的一项重要工作。

浙江湖州一座东汉晚期墓中出土了一只完整的青瓷贮茶罐，高33.5厘米、最大腹径34.5厘米，内外施釉，器肩部刻有一个"茶"字，明确无误地证明了至迟到东汉时，人们已经用瓷器贮茶（见图2-3、图2-4）。

图2-3 东汉青瓷贮茶瓮，浙江 图2-4 东汉青瓷贮茶瓮局部：
湖州弁南乡东汉晚期砖 肩部"茶"字
室墓出土。（现藏浙江省
湖州市博物馆）

　　由于唐宋茶叶制成品大部分是饼茶，都经过紧压，对于串味有一定的抵抗力，因而唐宋茶饼的保藏工作主要针对防潮湿问题。

　　陆羽对茶叶的保藏很注重，《茶经》"二之具"中有专门的藏茶器物，名"育"，育者，以其藏养为名。"育，以木制之，以竹编之，以纸糊之。中有隔，上有覆，下有床，傍有门，掩一扇。中置一器，贮煻煨火，令煴煴然。江南梅雨时，焚之以火。"[1]以火灰直至以明火来驱除空气中的潮湿之气对茶叶的侵袭来保藏茶叶，这种方法在长时间处于潮

---

[1] 《茶经校注》，第19-20页。

湿环境中的江南很有用，但极不经济。因而从出土实物及唐人的诗文中可以看到，唐人还有用合、纸袋、茶笼、陶瓷罐等器物贮放茶叶的。例如：卢纶《新茶咏寄上西川相公二十三舅、大夫二十舅》："三献蓬莱始一尝，日调金鼎阅芳香。贮之玉合才半饼，寄与阿连题数行。"[①]诗中所言是用玉合藏茶。卢仝《走笔谢孟谏议寄新茶》："口云谏议送书信，白绢斜封三道印。开缄宛见谏议面，手阅月团三百片"[②]，是用丝绢包裹藏茶寄送。白居易《谢李六郎中寄新蜀茶》："红纸一封书后信，绿芽十片火前春"[③]，则是用纸包裹贮茶。法门寺地宫出土茶具中的两款鎏金银茶笼说明唐人也用茶笼贮放饼茶（见图2-5、图2-6）。这些宽松的贮茶方式表明，唐人对饼茶的保藏问题有时看得不是很重。中晚唐以后，也有用陶器贮茶者，韩琬《御史台记》载："兵察常主院中茶，茶必市蜀之佳者，贮于陶器，以防暑湿，御史躬亲缄启，故谓之'茶瓶厅'。"[④]即用可以密封的贮茶器保藏茶叶，以防暑湿。陶瓷藏茶罐不仅有此文字记载，也有唐末五代的考古实物发现，如湖南衡阳窑的莲纹刻花茶罐（见图2-7）。

---

① 《全唐诗》卷二七九，第3165页。
② 《全唐诗》卷三八八，第4377页。
③ 《全唐诗》卷四三九，第4877页。
④ 见［唐］赵璘：《因话录》卷五，《唐国史补·因话录》，上海古籍出版社，1979年版，第103页。

图2-5　唐代鎏金银茶笼，陕西扶风法门寺地宫出土。足底以三上花瓣呈倒"品"字排列而成。（现藏陕西法门寺博物馆）

图2-6　唐代金银丝结条笼子，陕西扶风法门寺地宫出土。（现藏陕西法门寺博物馆）

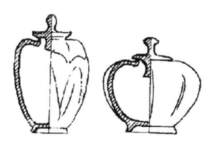

图2-7　衡阳窑莲纹刻花茶罐，选自《农业考古》1995年2期《从唐诗中的饮茶用器看长沙窑出土的茶具》。

北宋前期，人们保管茶叶有沿用唐代陆羽方法者，即用火。蔡襄《茶录》上篇"藏茶"记："收藏之家，以蒻叶封裹入焙中，两三日一次用火，常如人体温温，则御湿润，若火多，则茶焦不可食。"[1] 只是较陆羽多了一层封裹的蒻叶。

但是靠升火来藏茶的方法，显然既不经济又不方便，更何况万一掌握不好，还会将茶烤焦以致"不可食"而遭受损失，所以人们需要一种更方便、更经济实惠，也更安全的办法来收藏茶叶，这种方法就是密封藏茶法，北宋前期亦即出现。《茶录》下篇"茶笼"："茶不入焙者，宜密封，裹以蒻，笼盛之，置高处，不近湿气。"[2]

至少到徽宗写《大观茶论》时，宋人已经找到了较好的藏茶方法，即将用火烘焙与密封藏茶合二为一。徽宗在《大观茶论》"藏焙"一节中对此做了专门论述：即将茶饼在收藏之前，先放入茶焙中，以温火再将茶饼烘焙一次，驱除茶饼中可能已经有的湿润之气，然后再放入容器中密封保存："焙毕即以用久漆竹器中缄藏之，阴润勿开，如此终年再焙，色常如新。"[3] 也就是用密封的办法来保管茶叶。这一办法，到明代发展成为用箬叶层层封裹后，隔层茶叶隔层箬叶放在瓷坛中密封保存，即只封不焙这一更为简洁的方法。

宋代还有一种以小陶瓷罐贮藏茶叶的方法。《咸淳临安

---

① 《茶录》上篇《藏茶》，《中国古代茶书集成》，第101页。
② 《茶录》下篇《茶笼》，《中国古代茶书集成》，第102页。
③ 《大观茶论》"藏焙"，《中国古代茶书集成》，第127页。

志》卷五十八《货之品·茶》记："盖南北两山及外七邑诸名山皆产茶，近日径山寺僧采谷雨前者，以小缶贮送。"[①]南宋吴自牧《梦粱录》亦记："径山采谷雨前茗，以小缶贮馈之。"[②]小缶一般都用来贮藏叶形茶叶。

还有一种以茶养茶的保藏茶叶方法。欧阳修《归田录》载："自景祐已后，洪州双井白芽渐盛，近岁制作尤精。囊以红纱，不过一二两，以常茶十数斤养之，用辟暑湿之气。其品远出日注之上，遂为草茶第一。"[③]利用茶叶本身的吸湿性而以茶养茶的方法来贮藏茶叶，可见珍重其事。

北苑官焙贡茶在贮藏运送之际也极为慎重。赵汝砺《北苑别录》载北苑细色五纲茶的运送贮藏："圈以箬叶，内以黄斗，盛以花箱，护以重筐，扃以银钥。花箱内外又有黄罗幕之，可谓什袭之珍矣。"粗色七纲茶则是"圈以箬叶，束以红缕，包以红楮，缄以茜绫，惟拣芽俱以黄焉。"[④]周密在《乾淳岁时记》中记载北苑贡茶的运送贮藏方法是"护以黄罗软盝，藉以青蒻，裹以黄罗夹复，臣封朱印，外用朱漆小匣镀金锁。又以细竹丝织笈贮之，凡数重。"[⑤]与前引《武林

---

① 《咸淳临安志》卷五十八《货之品·茶》，《宋元方志丛刊》，第四册，中华书局，1990年版，第3871页。

② 《梦粱录》卷十八，《全宋笔记》第八编第五册，第272页。

③ ［宋］欧阳修：《欧阳修全集》卷一二六，李逸安点校，中华书局，2001年版，第1915页。

④ 《北苑别录》"纲次"，《中国古代茶书集成》，第155页。

⑤ ［宋］周密：《乾淳岁时记》，陈麟点校，《岁时广记（外六种）》，浙江大学出版社，2020年版，第609页。

旧事》所述大致相同，都是在注重茶叶贮藏效果的同时又注意包装的精美与奢华。

需要特别指出的是，宋人经常用蒻叶贮茶。蒻叶是嫩的香蒲叶，是可以用作包裹的植物，在宋代，人们以之包裹茶饼，防隔湿气。这种方法长时间被使用，而且所用材料有所更新和发展，至晚到元代，从李衎《竹谱》内容来，人们已经开始用箬叶来做茶笼了："箬竹又名蒻竹，……江西人专用其叶为茶罨，云不生邪气，以此为贵。"①

不过，无论蒻叶笼或箬叶笼，因为都不密封，对潮湿气、异味的防御能力终究有限。徽宗《大观茶论》中"以用久漆竹器中缄藏之，阴润勿开"以密封和阴雨潮湿天气尽量不打开为原则的藏茶方法，至今仍然是茶叶经营与消费中首选的简便和效果甚好的藏茶方法。

---

① ［元］李衎：《竹谱》卷三，文渊阁四库全书本。

第三章

完备的贡茶制度

曹 法 金

自北宋初年太宗时起，官焙贡茶逐渐形成完备的制度。宋代贡茶不仅对宋代茶艺与文化有着深刻影响，它从赐茶、茶礼等方面对宋代政治生活与社会心理、文化等也有众多至深的影响。

一、建州北苑贡茶的源起与发展

《禹贡》曰："禹别九州，随山浚川，任土作贡。"[①]禹会诸侯，全国统一的政统模式逐渐确立，中央政权又以分封的形式来实现它的统治，而各分封诸侯国对宗主国的朝贡是维系这一统治的手段之一。朝贡包括分封诸侯国定时对中央政府的朝拜，包括定时定量的方物贡奉，包括派军队跟从宗主国出征，等等。经过春秋战国之乱世，经过秦汉之际郡县、封国制度的改革，分封形式的中央政权被官僚系统形式的中央集权所取代，以方物纳贡为主要形式的中央财政，也逐渐为日益完善并不断发展的赋税体制所代替。只是方物纳贡并未随着完善的财税体制的建立而消失，相反，它在中国漫长的古代社会中一直保存了下来，成为封建社会政治经济制度的一个特征——"超经济强权"的表现。

相传茶在周时即已成为巴国的贡品，如《华阳国志》所记："武王既克殷，以其宗姬于巴，爵之以子……丹漆、茶、

---

① 《尚书·夏书》"禹贡第一"，《十三经注疏》，中华书局，1980年版，第146页。

蜜……皆纳贡之。"[①]魏晋南北朝不时有贡茶事件的记载,如"晋温峤上表贡茶千斤、茗三百斤"[②],吴兴"温山出御荈"等[③]。至唐中期,湖、常二州官焙贡茶制度确立,成就张文规《湖州贡焙看发新茶》的著名诗句:"牡丹花笑金钿动,传奏吴兴紫笋来。"[④]义兴茶(即下文中的阳羡茶)的入贡能渐成制度,还和茶神陆羽有关。赵明诚《金石录》卷二九《唐义兴县重修茶舍记》:"义兴贡茶非旧也,前此故御史大夫李栖筠实典是邦。山僧有献佳茗者,会客尝之,野人陆羽以为芳香甘辣,冠于他境,可荐于上。栖筠从之,始进万两,此其滥觞也。厥后因之,征献浸广,遂为任土之贡,与常赋之邦侔矣。"[⑤]贡茶日益成为宫廷中的重要消费物品。每年及时贡奉新茶成为湖、常二州地方官的重要事务,唐文宗开成三年(838)三月,"以浙西监军判官王士玫充湖州造茶使。时湖州刺史裴充卒官,吏不谨,进献新茶不及常年,故特置使以专其事。"因为湖州地方未能及时贡新茶入京,唐政府例外

---

① [晋]常璩:《华阳国志》卷一《巴志》,见任乃强校注:《华阳国志校补图注》,上海古籍出版社,1987年版,第6页。
② [宋]寇宗奭:《本草衍义》卷十四,张丽君、丁侃校注,中国医药科技出版社,2019年版,第67页。
③ [南朝宋]山谦之《吴兴记》,[唐]欧阳询编:《艺文类聚》卷八二,汪绍楹校,上海古籍出版社,1985年版,第1411页。
④ 《全唐诗》卷三六六,第4134页。
⑤ [宋]赵明诚撰,金文明校证:《金石录校证》卷二九,中华书局,2019年版,第547页。

"别立使额"，以专其事，可见对贡茶的重视[1]。

湖州、常州二州境会之处的紫笋茶、阳羡茶的入贡渐成制度，使茶从一般的土贡方物中凸显而出，历五代至北宋，茶因为官焙贡茶制度的细致与完密，而全面介入社会政治生活。宋代"诸路贡新茶者凡三十余州"[2]，大多贡茶数自一盒至一二十斤，或至一二百斤不等，其中建州贡茶的地位举足轻重。

建茶之名，始自中唐，虽为茶圣陆羽《茶经》记为"未详"，但却是"往往得之，其味极佳"的十一州茶之一，建州茶的品饮文化在唐末五代时亦已引人关注："建人谓斗茶为茗战"[3]。建茶采用"研膏"方法（湖、常二州官焙制茶法）制茶，始自唐常衮官福建时，福州始制腊面茶，建州继之。

建茶声名鹊起，始自五代十国时期的闽国。唐昭宗景福二年（893），王氏兄弟攻占福州，并逐渐据有福建诸地。后梁开平三年（909）王审知受后梁太祖封为闽王（909—925），闽王对茶甚为喜好，陶谷《茗荈录·清人树》有记曰："伪闽甘露堂前两株茶，郁茂婆娑，宫人呼为'清人树'。每春初，

---

① 见《册府元龟》卷四九四《邦计部·山泽二》，另钱易《南部新书》卷戊记："开成三年，以贡不如法，停刺史裴充职。"二者未知孰是。

② 《续资治通鉴长编》卷六九，大中祥符元年六月壬子，第1551页。

③ ［后唐］冯贽编：《云仙散录》，张力伟点校，附录一《云仙杂记》卷十，第二十条"茗战"，附录二《记事珠》，中华书局，2008年版，第222、238页。冯贽《云仙杂记》虽为四库馆臣证明为托伪之作，但是所记内容为专家考证皆为唐末五代史实，自北宋以来即为书目家和学者引录引用。

嫔嫱戏摘新芽，堂中设'倾筐会'。"[1]而自后梁遁归任王审知幕僚的唐乾宁（894—898）进士徐夤写有一首《尚书惠蜡面茶》诗：

> 武夷春暖月初圆，采摘新芽献地仙。
>
> 飞鹊印成香蜡片，啼猿溪走木兰船。
>
> 金槽和碾沉香末，冰碗轻涵翠缕烟。
>
> 分赠恩深知最异，晚铛宜煮北山泉。[2]

此诗使人明了此时福建建州武夷山蜡面茶的盛誉。

926年，王延钧继闽王位，封其弟王延政为建州刺史。龙启（933—934）中，建州建安凤凰山麓茶园的所有者"里人张廷晖……以其地宜茶，悉表而输于官"[3]，其地所产之茶自此开始著名。陶谷《茗荈录·缕金耐重儿》记此后有人以建茶献闽王："有得建州茶膏，取作耐重儿八枚，胶以金缕，献于闽王曦。"[4]

永隆五年（943），闽国内乱加剧，王延政据建州称帝。而南唐则趁闽国内乱之机发兵，于保大三年（945）在建州俘王延政。

得到建安之地的次年（946）春二月，南唐"命建州制的乳茶，号曰京挺，腊（蜡）茶之贡自此始。罢贡阳羡

---

① ［宋］陶谷：《茗荈录》"清人树"，《中国古代茶书集成》，第90页。

② 《全唐诗》卷七〇八，第8153页。

③ 乾隆二年《福建通志》卷六一，文渊阁四库全书本。

④ 《茗荈录》"缕金耐重儿"，《中国古代茶书集成》，第90页。

茶"。①并专门置官领其事，沈括《梦溪补笔谈》卷一认为，北苑之名正是得自南唐所置领造茶之官"北苑使"：

　　建茶之美者，号"北苑茶"。今建州凤凰山，土人相传谓之"北苑"，言江南尝置官领之，谓之"北苑使。"予因读《李后主文集》，有《北苑诗》及《文（北）苑纪》，知北苑乃江南禁苑，在金陵，非建安也。江南"北苑使"，正如今之"内园使"。李氏时有北苑使，善制茶，人竞贵之，谓之"北苑茶"，如今茶器中有"学士瓯"之类，皆因人得名，非地名也。丁晋公为《北苑茶录》云："北苑，地名也，今日龙焙。"又云："苑者，天子园圃之名。此在列郡之东隅，缘何却名北苑？"丁亦自疑之，盖不知"北苑茶"本非地名。始因误传，自晋公实之于书，至今遂谓之北苑。②

　　吴曾《能改斋漫录》卷九《北苑茶》亦认为建州北苑茶之得名是因为南唐都城建业的禁苑北苑，而不是姚宽《西溪丛语》所说的"建州龙焙，面北，谓之北苑"③。

　　杨文公《谈苑》云："……江左近日方有蜡面之号，李氏别令取其乳作片，或号曰京铤、的乳及骨子等。"……以文公之言考之，其曰京铤、的乳。则茶以京铤为名，又称北

---

① 马令《南唐书》卷二《嗣主书》，丛书集成初编本，商务印书馆，1935年版，第3878册，第12页。
② ［宋］沈括：《梦溪补笔谈》卷一，胡道静《梦溪笔谈校证》，上海古籍出版社，1987年版，第906页。
③ ［宋］姚宽：《西溪丛语》卷上，孔凡礼点校，中华书局，1993年版，第53页。

苑，亦以供奉得名可知矣。李氏都于建业，其苑在北，故得称北苑。水心有清辉殿，张洎为清辉殿学士，别置一殿于内，谓之澄心堂，故李氏有澄心堂纸。其曰北苑茶者，是犹澄心堂纸耳……因知李氏有北苑，而建州造铤茶又始之，因取此名，无可疑者。[①]

所以，北苑或龙焙之名，始于南唐以金陵禁苑北苑使领造建州贡茶，遂将所造之茶称为北苑茶，出茶之处称为北苑，是园以茶名，茶以使名，而使以禁苑名也。如蔡绦《铁围山丛谈》卷六所言："建溪龙茶，始江南李氏。"[②]至北宋丁谓《北苑茶录》误称之为地名后，北苑成为大家认可的称谓，遂相沿用为建安凤凰山麓官焙茶园之名。

从此，南唐辖下的建州，每年都带领所属诸县之民，采茶北苑，初造研膏，继造腊面。随即，建州茶即传至北方中朝，陶谷《茗荈录·玉蝉膏》记录了后周显德年间建州铤子茶在缙绅间的馈赠："大理徐恪见贻卿信铤子茶，茶面印文曰：'玉蝉膏'，又一种曰'清风使'。恪，建人也。"[③]自后周显德五年（958），南唐李璟"称臣于中朝，岁贡土物数十万"。建隆元年（960），宋太祖赵匡胤称帝后，"即遣使以书谕景"，李璟立即遣使贡物称贺，并且"每岁冬、正、端

---

① ［宋］吴曾：《能改斋漫录》卷九《北苑茶》，上海古籍出版社，1979年版，第268页。
② 《铁围山丛谈》，第106页。
③ 《中国古代茶书集成》，第90页。

午、长春节皆以土产珍异、金银器用、缯帛、片茶为贡"①。
在常规性贡物中，有一种片茶，很可能是建州北苑茶。开
宝七年（974）冬，宋廷发曹彬大军征讨南唐，李煜派人携
大量物资到开封来买宴，其中有茶二十万斤。开宝八年十一
月，南唐降，所辖建州北苑等茶园也随地而入。

南唐贡建州茶看来给时任开封府尹的赵光义留下了深
刻的印象。开宝九年（976）十月下旬，宋太祖猝死，赵光
义以皇弟的身份在斧声烛影的重重疑云中即皇帝位，身负夺
位之嫌的太宗急于要在流言四起、人心浮动的情况下树立威
望，以显示新帝皇权，巩固地位，当年十二月即迫不及待地
改年号为太平兴国，此外进行了一系列的人事调整和重大制
度变更，在此不赘述，只于贡茶一项即亦有重大举措。第二
年春天，登极不数月后的太宗专门派遣使臣到建州诏造团
茶，以特别的龙凤图案棬模造贡茶，以别庶饮。《宣和北苑
贡茶录》："太平兴国初，特置龙凤模，遣使即北苑造团茶，
以别庶饮。"②北宋高承《事物纪原》卷九《龙茶》转录杨亿
及丁谓之书的记载亦同：

> 《谈苑》曰："龙、凤、石乳茶，本朝太宗皇帝令造。江
> 左乃有研膏茶供御，即龙茶之品也。"《北苑茶录》曰："太宗
> 兴国二年（977），遣使造之，规取像类，以别庶饮也。"③

---

① 《宋史》卷四七八《南唐李氏世家》，中华书局，1985年版，第13855页。
② 《中国古代茶书集成》，第133页。
③ ［宋］高承：《事物纪原》卷九《龙茶》，文渊阁四库全书本。

太宗皇帝亲自过问贡茶事，使宋代贡茶制度较之前代有了长足的发展。

其一是棬模图案确定为龙、凤。唐代茶饼外形的区别，据陆羽《茶经》记，只在棬模外框的几何图形："或圆，或方，或花"，而在底模上雕刻图案来压制有图饰的茶饼，则始于五代闽国的蜡面茶，从前引徐夤诗句"飞鹊印成香蜡片"可知，五代福建蜡面茶已经有使用飞鹊图案者，另从前引陶谷《茗荈录·玉蝉膏》"茶面印文曰：'玉蝉膏'，又一种曰'清风使'"之文，可知南唐时建茶茶面图案纹饰还有压印文字者。虽非最早使用棬模图案纹饰，但太宗钦定的龙凤图案，却是首次在贡茶上使用神权等级寓意非常明确的图案。龙、凤上古以来是灵虫与灵禽，至汉代凤成为五瑞之一，而龙在《史记》中则为黄帝鼎湖丹成升天时所乘驭，汉唐以来，龙的神性日增，成为社会制度中帝王神权独特的象征[1]。太宗以后，使用龙凤特别是龙这类皇帝专用徽记图案，成为宋代贡茶棬模的定制。直至宋亡，沿袭不已（见图3-1～图3-3）。

其二是贡茶自有品名。此亦始自南唐，但自宋太宗以龙、凤专门命名之。直到徽宗时各种花哨的茶品名成群出现，贡茶以龙凤命名的原则被突破、被改变。但不论是何名

---

[1]　参见沈从文：《龙凤艺术》，《沈从文集》，中国社会科学出版社，2007年版，第254-255页。

图3-1　北宋庆历八年柯适建安北苑石刻，位于建瓯市东峰镇焙前村。

图3-2　大龙茶棬模，摘自读画斋丛书辛集本《宣和北苑贡茶录》。

图3-3　小凤茶棬模，摘自读画斋丛书辛集本《宣和北苑贡茶录》。

称，只要棬模有图案，仍是雕以龙凤，尤其以龙纹为主。

由于宋代北苑官焙贡茶开始时制造的贡茶品类为大龙团、大凤团二款，仁宗时添造的两款新茶亦名为小龙团、小凤团，故北苑官焙贡茶又常被称为"团茶"。

其三是贡茶的管理制度。北苑龙焙初兴时，福建尚未全境纳入宋版图，建州及其贡茶事初属江南转运使，太平兴国三年（978）吴越钱俶纳土后，又隶两浙西南路。此时的福建漕司治所很可能即在福州，因为李焘《续资治通鉴长编》卷一九记本年十二月寇掠泉州，"时两浙西南路转运使杨克让在福州"[1]。虽然学界对于宋代转运使路在《宋史·地理志》中的首州设置原则有不同的论点，但漕司毕竟大部分置于首州，而不置于首州者，大抵各有原因。

福建即是漕司不在首州福州的路分，其原因就是建州贡茶。太宗雍熙二年（985）始置福建路，《舆地纪胜》记此时即置福建路转运使司于建州。转运使司是宋代路一级的常设机构，太宗太平兴国二年始置，其职权是"掌经度一路财赋，而察其登耗有无，以足上供及郡县之费；岁行所部，检察储积，稽考帐籍，凡吏蠹民瘼，悉条以上达，及专举刺官吏之事"[2]。转运使司的首要职责是主管一路财政，负责足额上供及一路财政费用，而对上完成足额上供，是转运使的主

---

① 《续资治通鉴长编》卷六九，太平兴国三年十二月戊寅，第972页。
② 《宋史》卷一六七《职官志七》，第3964页。

要考核内容，因而福建路转运使司为了完成建州贡茶这一重要职责，即置司于建州。

除了漕司设置外，建州贡茶的管理制度还具有与唐代不同的特点。唐代湖州、常州官焙贡茶，其职责在于刺史。宋代建州贡茶在初年即发生了重大变化，与丁谓相关。淳化四年（993），丁谓"以太子中允为福建路采访。还，上以茶盐利害，遂为转运使。"[①]丁谓因陈福建茶盐利害而得任闽漕，因而对贡茶事特别重视，在茶季亲自入山，"监督州吏，创造规模，精致严谨。录其园焙之数，图绘器具，及叙采制入贡法式"[②]，并为建州贡茶撰书《北苑茶录》三卷[③]。丁谓以转运使亲督制造贡茶事，应与其个性有关。《宋史》本传言丁谓"机敏有智谋，憸狡过人"，可从其所写《北苑新茶诗》句："作贡胜诸道，先尝只一人"[④]，看见其对太宗在贡茶事上用心之揣度，是很合乎太宗亟欲宣示皇权威望之心意的。

仁宗时蔡襄在福建路转运使任上的作为，最终确立了建州

---

① 《宋史》卷二八三《丁谓传》，第9566页。

② 《郡斋读书志校证》卷一二，第534页。

③ 本书书名，晁公武《郡斋读书志》和马端临《文献通考·经籍考》作《建安茶录》，杨亿《杨文公谈苑·建州蜡茶》则称"丁谓为《北苑茶录》三卷，备载造茶之法，今行于世"。北宋寇宗奭《本草衍义》卷十四、北宋高承《事物纪原》亦称为"丁谓《北苑茶录》"。虽然胡仔《苕溪渔隐丛话》后集卷十一今存丁谓《北苑焙新茶》诗序后云："皆载于所撰《建阳茶录》"，但建阳非宋代福建官焙贡茶之所，而北苑与建安皆指宋代建安北苑官焙贡茶之事，可能是传写有误。当以丁谓前后时人杨亿与高承、寇宗奭所言《北苑茶录》为是。

④ 《全宋诗》卷一〇一，第2册，1146页。

贡茶管理制度的基本原则，即闽漕亲督，添创新品贡茶。神宗、哲宗时，每朝只添造一两款新品贡茶。徽宗朝因其个人的特别喜好，自其亲撰《茶论》的大观年间开始，几乎逐年都有新品添造，他在位的二十多年间，共添造四十款新品贡茶，除去宣和七年（1125）在金兵压境、日益南逼的情况下省罢的十款贡茶、在高宗绍兴二十八年有个别的调整外，悉数被继起的南宋高宗诸帝保留，"阅近所贡皆仍旧，其先后之序亦同，惟跻龙园胜雪于白茶之上，及无兴国岩、小龙、小凤"①，绍兴二十八年熊克主管北苑贡茶事，补充其父熊蕃所撰《宣和北苑贡茶录》，记之甚详，表明宋代建州贡茶的规模制度在北宋徽宗末年基本完成，至少到孝宗淳熙（1174—1189）末年一直沿袭。

还应当述及的是，建州贡茶不仅上供少量供玉食、备赐予的上品精品贡茶，还有大量的粗色茶纲，这些茶在商品市场的价格与利润远远大于其他地方的茶叶。在茶盐酒之利三分天下的南宋，高宗时专置诸路提举常平茶盐司以专其事，唯福建路专置提举常平茶事司，置司建州，只管茶事。《舆地纪胜》卷一二九《提举常平茶事司》载："台治在（建州）府城中。《中兴小历》：绍兴十二年时，朝廷欲以福建腊茶就行在置局给卖，诏福建见任提举市舶官更不兼茶事，别置官提举茶事。《系年录》云：绍兴十二年十月，诏福建专置提举茶事官一员，置司建州。至今诸路提举皆以常平茶盐事系

---

① 《中国古代茶书集成》，第144页。

衔，惟福建提举则以提举常平茶事司系衔。"①

其四，建州北苑官焙御园稳定发展（略有增替）。

宋代北苑官焙在福建建安（今福建建瓯市境内），《北苑别录》记："建安之东三十里，有山曰凤凰，其下直北苑。"②

建安官私之焙，千三百三十有六，官焙之数，在五代南唐时为三十八，建安下属六县皆从事生产贡茶之事。宋朝建立之后，对官焙之数稍作裁抑，"环北苑近焙，岁取上供，外焙俱还民间，而裁税之。至道（995—997）年中，始分游坑、临江、汾常、西蒙洲、西小丰、大熟六焙，隶南剑州。"宋代建安共有官焙三十二，分别在东山、南溪、西溪、北山四处，专门贡奉御用茶的御园，"北苑首其一，而园别为二十五"，庆历（1041—1048）中又以苏口焙四园、石坑焙十园隶属北苑，则北宋北苑官焙共有御茶园三十九座③。此后，北苑官焙之茶园屡有增替，到南宋淳熙十三年（1186）赵汝砺撰《北苑别录》时，北苑官焙共有茶园四十六所：九窠十二陇、麦窠、壤园、龙游窠、小苦竹、苦竹里、鸡薮窠、苦竹、苦竹源、鼯鼠窠、教练垄、凤凰山、大小焊、横坑、猿游陇、张坑、带园、焙东、中历、东际、西际、官平、上下官坑、石碎窠、虎膝窠、楼陇、蕉窠、新园、夫楼基、阮

---

① ［宋］王象之：《舆地纪胜》卷一二九《提举常平茶事司》，广陵古籍刻印社，1991年版，第972页。
② 《中国古代茶书集成》，第149页。
③ 《东溪试茶录》"总叙焙名"，《中国古代茶书集成》，第106–107页。

坑、曾坑、黄际、马鞍山、林园、和尚园、黄淡窠、吴彦山、罗汉山、水桑窠、师姑园、铜场、灵滋、范马园、高畬、大窠头、小山，共占地三十余里，规模很大，以官平、官坑两茶园为界，分为内园和外园两大区。[①]

二、贡茶品名、规模逐朝递增渐成定制

太宗太平兴国二年（977）以后，每年贡龙凤茶成为定例，当时的贡数只有二斤，叶梦得《石林燕语》卷八："建州岁贡大龙、凤团茶各二斤，以八饼为斤。"[②]至太宗后期，贡至五十余斤。太宗钦定的新款龙团凤饼贡茶，很快就进入皇恩浩荡的赐物行列，而且因为赐与的范围日渐扩大，龙凤茶逐渐不敷赐用，到太宗末年的至道初，又下诏北苑制造号为"石乳""的乳""白乳""京铤"的四种新款贡茶，与龙凤茶一起分赐不同级别的皇亲国戚、官僚士大夫、将帅饮用。"龙茶以供乘舆，及赐执政、亲王、长主，余皇族、学士、将帅皆得凤茶，舍人、近臣赐京铤、的乳，而白乳赐馆阁，惟腊面不在赐品。"[③]

宋太宗的标新立异与贡茶消费数量的日益扩大，极度刺激了福建路历任地方官对制造、改进贡茶品质、样式的热

---

① 《中国古代茶书集成》，第149—150页。

② ［宋］叶梦得：《石林燕语》卷八，《全宋笔记》第二编第十册，第123页。

③ ［宋］杨亿：《杨文公谈苑》，李裕民辑校本，第174条《建州蜡茶》，《宣和北苑贡茶录》熊克增补之文亦曾引录。另《苕溪渔隐丛话》后集卷一一曰："至道间仍添造石乳。"

情，苏轼《荔枝叹》所谓"武夷溪边粟粒芽，前丁后蔡相笼加"[1]，使得北苑贡茶的品种、款式、贡数逐年增加。

至道（995—997）年间，丁谓任福建路转运使，他一仍太宗旧制制造龙凤贡茶，并将北苑制造贡茶的始末记录在他的《北苑茶录》一书中，致使不少不审者误以为龙凤茶由丁谓创制，如上文所引苏轼诗在"前丁后蔡相笼加"句下有自注云："大小龙茶始于丁晋公而成于蔡君谟"，便是其中一例。

仁宗庆历（1041—1048）中，蔡襄徙福建路转运使，在太宗诏制的龙凤等茶外，又添创了小龙团茶。"始别择茶之精者为小龙团十斤以献，斤为十饼"，此后每年"岁造小龙、小凤各三十斤，大龙、凤各三百斤"[2]。同时蔡襄又制曾坑小团，岁贡一斤，斤二十饼，虽未列入岁贡之额，但却开启了此后上品贡茶一斤二十饼的序幕。关于蔡襄添制小龙团的由头，王巩《续闻见近录》所记是一个极富人情味的故事传说：仁宗久无子嗣，晚年经常有大臣劝其立太子，仁宗感到很失落，郁郁寡欢。"蔡君谟始作小团茶入贡，意以仁宗嗣未立，而悦上心也。"[3]仁宗对蔡襄其实颇为宠爱，曾飞白书赐"君谟"二字，故对其所宠爱之臣蔡襄增创贡茶的行为只

---

① 《全宋诗》卷八二二，第14册，第9516页。
② 分见《石林燕语》卷八，《全宋笔记》第二编第十册，第123页；吴曾《能改斋漫录》卷一五《建茶》，第455页。
③ ［宋］王巩：《续闻见近录》，《说郛》卷五十，上海古籍出版社，1988年版，第2323页。

做了一个姿态性的举措：“以非故事，命刬之。大臣为请，因留而免刬。然自是遂为岁额。”[1]第二年即下诏第一纲贡茶全部贡此更为精细的小龙团。因为蔡襄一直有清誉而且为官有能名，所以当富弼听到蔡襄也做这种“仆妾爱其主之事”时，大感意外地说：“不意君谟亦复为此！”[2]此事吴曾记为“朝廷以其额外，免勘。”[3]正是这“额外”一词，既表明了蔡襄对仁宗的关爱之情，也显示了日后北苑贡茶数目日益加码的预兆。仁宗时建州还贡有“入香、不入香京挺共二百斤，蜡茶一万五千斤”[4]，是为粗色纲茶。

图3-4和图3-5分别为宋仁宗和宋徽宗像。

仁宗、蔡襄之后，追求贡茶精细之风渐开。《石林燕语》卷八记神宗“熙宁（1068—1077）中，贾青为福建转运使，又取小团之精者为密云龙，以二十饼为斤而双袋，谓之双角团茶”[5]，另有龙凤茶八百二十斤入贡。

哲宗绍圣二年（1095），改密云龙为瑞云翔龙，《铁围山丛谈》卷六记：“及哲宗朝，曾复进瑞云翊龙者，御府岁只得十二饼焉”[6]，并添造上品拣芽。元符间总计贡茶一万八千片。

---

① 《石林燕语》卷八，《全宋笔记》第二编第十册，第123-124页。
② [宋] 费衮：《梁溪漫志》卷八《陈少阳遗文》。另苏轼在《荔枝叹》诗中自注此语乃欧阳修所言。《能改斋漫录》卷一五《建茶》引《东坡志林》又谓为司马光语。
③ 《能改斋漫录》卷一五《建茶》，第455页。
④ 《能改斋漫录》卷一五《建茶》，第455页。
⑤ 《石林燕语》卷八，《全宋笔记》第二编第十册，第124页。
⑥ 《铁围山丛谈》卷六，第102页。

图3-4 宋仁宗像　　　　　　图3-5 宋徽宗像

　　徽宗赵佶是中国历史上唯一的一位"茶皇帝"，他不同于其他一些只是一般嗜好饮茶的皇帝，最主要的是他写了一部茶专著《大观茶论》。虽然有人怀疑此书并非徽宗亲作，而是茶官代笔，徽宗挂名而已。但也只限于怀疑，迄无明证。在饮用之外，他还孜孜于点茶的技艺，多次亲手为臣下点茶。

　　徽宗信从蔡京等人"丰亨豫大"之说，大兴土木，奢靡挥霍，多方征敛花石纲等。在贡茶方面，徽宗更是将他对茶的爱好与最高权力相结合的作用发挥到了极致，使北苑官焙贡茶达到了登峰造极的地步。《宣和北苑贡茶录》所列五十余种贡茶名目中，至少有四十种是徽宗在大观（1107—1110）至宣和（1119—1125）年间添创的，其中有一半左右的茶銙名称极尽花哨之能事，如乙夜清供、承平雅玩、玉除清赏、启沃承恩等，从细小处体现了徽宗华而不实、虚荣轻佻的性情。

大观年间，蔡京执掌朝政，福建转运判官郑可简投其所好，投书进献北苑新茶，蔡京即于信上批授转运副使，郑氏仕途捷径因而大开。此后更是创新贡茶，以邀新宠。宣和二年（1120），已经任福建路转运使的郑可简大投徽宗所好，在提高上品贡茶的品质技艺方面独出心裁。此前蔡襄制小龙团而胜大龙茶，元丰间密云龙又胜小龙团茶，从制茶工艺角度来说都是靠减小茶饼的尺寸来完成的：大龙大凤茶每斤8饼，小龙茶每斤10饼，密云龙每斤20饼。郑可简不再在茶饼的尺寸上打主意，而将目光集中在原材料的质地上。他从已准备好制贡茶的茶叶芽叶中，抽取中心如针如线一般细嫩的一缕——号"银线水芽"，制成最上品的贡茶龙园胜雪，只是因为徽宗对另一种特殊品种白茶有着个人特别的喜好，所以龙园胜雪仍排在白茶之后。至南宋绍兴年间，龙园胜雪便列在白茶之前了。熊克增补《宣和北苑贡茶录》和姚宽《西溪丛语》对此都有记载。

宣和七年（1125），徽宗在金兵压境、日益南逼的情况下，宣布省罢北苑琼林毓粹、浴雪呈祥等10种贡茶。于是至宣和末年北苑形成稳定的采造制度、贡茶品名与原料、工艺标准。

建炎（1127—1130）初，南北形势大乱。建炎间，高宗赵构仓皇南渡，百废待兴。建炎以后，叶浓、杨勍等相继在福建起事，致使北苑官焙园丁散亡，贡茶有实际征收不上的困难，加之高宗政府一直也处在颠沛流亡之中，遂罢北苑贡茶三分之一。至绍兴间又两次蠲减贡茶数，《宋史》卷一八四《食货志下》载："绍兴二年（1132），蠲未起大龙凤茶一千七百二十八斤。五年（1135），复减大龙凤及京铤之半。"[1]但我们只要稍稍留心即可发现，这种蠲减都只有极短暂的时间，而且这两次蠲减都是欲取先予式的。由于南宋初年残破的形势，高宗对贡茶数有所裁损，但裁损的主要是用于赏赐的粗色茶纲——大龙凤茶及京铤茶等，对于专供"玉食"的细色茶纲则一切照旧，渐次恢复了徽宗时的品名、规模。因为虽然政府一方面下令蠲减贡茶，另一方面却在恢复旧日的贡茶规制。"壬子春（绍兴二年，1132）漕司再葺茶政。越十三载（绍兴十五年，1145），乃复旧额。且用政和故事，补种茶二万株，比年益虔贡职，遂有创增之目"。很快一切就都和徽宗时代一样了。到绍兴戊寅岁（二十八年，1158），熊克摄事北苑的时候，"阅近所贡皆仍旧，其先后之序亦同，惟跻龙园胜雪于白茶之上，及无兴国岩、小龙、小凤"[2]。至少到孝宗淳熙（1174—1189）末年，北苑贡茶仍旧沿袭高宗时的品名、规模。

---

[1] 《宋史》卷一八四《食货志下》，第4509页。
[2] 《宣和北苑贡茶录》，见《中国古代茶书集成》，第144页。

宋代建州贡茶情况如表3-1所示。

表3-1 宋代建州贡茶表

序号	年份	品名	棬模/尺寸	茶芽/研水/焙火	图案	备注
1	太平兴国二年	大龙	铜棬银模			
2	太平兴国二年	大凤	铜棬银模			
3	至道二年	石乳				宣和二年废
4	至道二年	的乳				宣和二年废
5	至道二年	白乳				宣和二年废
6	至道二年	腊面				沿用南唐茶品
7	至道二年	京挺				沿用南唐茶品
8	庆历七年	小龙	铜棬银模			本年贡曾坑小团未成定制

序号	年份	品名	棬模/尺寸	茶芽/研水/焙火	图案	备注
9	庆历七年	小凤	铜棬银模			
10	元丰	密云龙				绍圣间改为瑞云翔龙
11	绍圣	瑞云翔龙	银棬银模径二寸五分	小芽十二水九宿火		
12	绍圣二年	上品拣芽	铜棬银模	小芽十二水十宿火		
13	大观二年	御苑玉芽	银棬银模径一寸五分	小芽十二水八宿火		
14	大观二年	万寿龙芽	银棬银模径一寸五分	小芽十二水八宿火		
15	大观四年	无比寿芽	竹棬银模方一寸二分	小芽十二水十五宿火		

序号	年份	品名	棬模/尺寸	茶芽/研水/焙火	图案	备注
16	大观四年	试新銙	竹棬银模方一寸二分	水芽十二水十宿火		又称龙焙试新
17	政和二年	白茶	银棬银模径一寸五分	水芽十六水七宿火		
18	政和二年	长寿玉圭	铜棬银模直长三寸	小芽十二水九宿火		
19	政和二年	太平嘉瑞	铜棬银模径一寸五分	小芽十二水九宿火		
20	政和三年	贡新銙	竹棬银模方一寸二分	水芽十二水十宿火		又称龙焙贡新
21	宣和二年	龙园胜雪	竹棬银模方一寸二分	水芽十六水十二宿火		
22	宣和二年	上林第一	棬模方一寸二分	小芽十二水十宿火		

续　表

序号	年份	品名	棬模/尺寸	茶芽/研水/焙火	图案	备注
23	宣和二年	乙夜清供	竹棬模方一寸二分	小芽十二水十宿火		
24	宣和二年	承平雅玩	竹棬模方一寸二分	小芽十二水十宿火		
25	宣和二年	龙凤英华	棬模方一寸二分	小芽十二水十宿火		
26	宣和二年	玉除清赏	棬模	小芽十二水十宿火		
27	宣和二年	启沃承恩	竹棬模方一寸二分	小芽十二水十宿火		
28	宣和二年	万春银叶	银棬银模两尖径二寸二分	小芽十二水十宿火		
29	宣和二年	宜年宝玉	银棬银模直长三寸	小芽十二水十二宿火		

序号	年份	品名	棬模/尺寸	茶芽/研水/焙火	图案	备注
30	宣和二年	玉清庆云	银棬银模方一寸八分	小芽十二水九宿火		
31	宣和二年	无疆寿龙	竹棬银模直长三寸六分	小芽十二水十五宿火		
32	宣和二年	琼林毓粹				宣和七年废
33	宣和二年	浴雪呈祥				宣和七年废
34	宣和二年	壑源拱秀				宣和七年废
35	宣和二年	贡篚推先				宣和七年废
36	宣和二年	价倍南金				宣和七年废
37	宣和二年	旸谷先春				宣和七年废
38	宣和二年	寿岩都胜				宣和七年废
39	宣和二年	延平石乳				宣和七年废

续　表

序号	年份	品名	楼模/尺寸	茶芽/研水/焙火	图案	备注
40	宣和二年	清白可鉴				宣和七年废
41	宣和二年	风韵甚高				宣和七年废
42	宣和三年	雪英	银楼银模横长一寸五分	小芽十二水七宿火		
43	宣和三年	云叶	银楼银模横长一寸五分	小芽十二水七宿火		
44	宣和三年	蜀葵	银楼银模径一寸五分	小芽十二水七宿火		
45	宣和三年	金钱	银楼银模径一寸五分	小芽十二水七宿火		
46	宣和三年	玉华/叶	银楼银模横长一寸五分	小芽十二水七宿火		
47	宣和三年	寸金	竹楼银模方一寸五分	小芽十二水九宿火		

续 表

序号	年份	品名	棬模/尺寸	茶芽/研水/焙火	图案	备注
48	宣和四年	玉叶长春	竹棬银模直长一寸	小芽十二水七宿火		
49	宣和四年	龙苑报春	铜棬银模径一寸七分	小芽十二水九宿火		
50	宣和四年	南山应瑞	铜棬银模方一寸八分	小芽十二水十五宿火		
51		兴国岩銙	竹棬模方一寸二分	中芽十二水十宿火		
52		香口焙銙	竹棬模方一寸二分	中芽十二水十宿火		
53		新收拣芽	铜棬银模	中芽十二水十宿火		
54		兴国岩拣芽	银棬银模径三寸	中芽十二水十宿火		

序号	年份	品名	棬模/尺寸	茶芽/研水/焙火	图案	备注
55		兴国岩小龙		中芽十二水十五宿火		绍兴二十八年止贡
56		兴国岩小凤		中芽十二水十五宿火		绍兴二十八年止贡
57		拣芽				

　　统计宋代建州官焙贡茶前后共有五十七款，经太宗、仁宗、神宗、哲宗、徽宗、高宗诸朝帝王及多位福建路转运使的关注与参与，历经初建制、续添续创之制及最终形成定制。而在制度形成与变化的过程中，相关帝王及福建路转运使起着关键的作用。

三、贡茶纲次与品名、贡数

　　贡茶，其发运上贡亦自有其制度。自唐代刘晏起，运送大宗货物分批次进行，每批以若干车或船为一组，分若干组，一组为一纲，谓之"纲运"。宋承其制，往往以同类物资编组，一组称为一纲。贡茶纲运汴京，分细色纲和粗色纲两大类，其中细色五纲、粗色七纲。以采制上贡时间、鲜叶原料等级、研茶水数、焙火数等名目编纲，并有每个品名的具体正贡数、创添续添数，第一、第二纲各只有一款，都与时间早、产量小相关。

北苑所贡之茶，共分三等。从贡茶采制时间上来说，《宋史》卷一八四《食货志下》记载："其最佳者曰社前，次曰火前，又曰雨前。"[1]社前即采制于社日（3月20日春分前后）之前的茶叶；火前为采制于寒食节（4月5日清明前一两天）禁火之前者，现在一般称为"明前"；雨前为采制于谷雨（4月20日）之前者。芽叶原料的品质可分为水芽、小芽、中芽三品。[2]

北苑贡茶的品名，最初只有很少的几种，每年的贡数也不大。随着时间的推移，历朝对贡茶品名与贡茶数目日益创增、调整，到徽宗政和至宣和间形成稳定的采造制度与贡茶规模，南宋基本沿袭徽宗宣政间的贡茶规模制度。贡茶的品名，则自太宗规模龙凤起，续创续添，基本仍一脉相承。表3-1统计宋代建州官焙贡茶前后共计有五十七款，经太宗、仁宗、神宗、哲宗、徽宗、高宗诸朝帝王及多位福建路转运使的关注与参与，历经初建制、续添续创之制及最终形成定制。

关于贡茶纲次与品名、贡数等详情，熊蕃《宣和北苑贡茶录》记为"十余纲"四十一品[3]，周辉《清波杂志》卷四所

---

① 《宋史》卷一八四《食货志下》，第4509页。
② 《宣和北苑贡茶录》，见《中国古代茶书集成》，第144页。
③ 《宣和北苑贡茶录》，《中国古代茶书集成》，第136、144页。

记为"十有二纲，凡三等，四十有一名"①，姚宽《西溪丛语》记共有细色五纲四十二品，粗色五纲皆大小团②，赵汝砺《北苑别录·纲次》记北苑贡茶有细色五纲四十三品，总贡数七千余饼，粗色七纲共有五品，贡数四万余饼③，与胡仔《苕溪渔隐丛话》所记："细色茶五纲，凡四十三品，……共七千余饼。……又有粗色茶七纲，凡五品，……共四万余饼"④同，《建安志》所载亦与之几乎完全相同。另曾敏行《独醒杂志》卷九记"今岁贡三等十有二纲，四万九千余銙"⑤，也与之大略相同。

按熊蕃与赵汝砺之书，赵书中四十三品细色五纲并先春两色、续入额四色中有七种茶重复，则细色纲茶为三十六品，而粗色七纲如胡仔所说皆为五品，二者相加为四十一品，与熊书同。则北苑贡茶至宣和末年形成规模，细色五纲、粗色七纲，共四十一品，每年贡四万七千至四万九千余片。南宋至孝宗淳熙年间依然沿用此例。

贡茶的品名、棬模质地、尺寸及制造年份，可参见表3-1。细色茶每纲贡茶品名、茶芽、研水数、焙火数、正

---

① ［宋］周辉：《清波杂志校注》卷四"密云龙"，刘永翔校注，中华书局，1994年版，第154页。

② 《西溪丛语》卷上，第53-54页。

③ 《北苑别录》"纲次"，《中国古代茶书集成》，第152-155页。

④ ［宋］胡仔：《苕溪渔隐丛话》前集卷四六《东坡九》，人民文学出版社，1962年版，第317页。

⑤ ［宋］曾敏行：《独醒杂志》卷九，《全宋笔记》第四编第五册，第191页。

贡数、创添续添数的详情，如表3-2所示。

表3-2 北苑细色贡茶纲

纲次	品名	茶芽	研水数	焙火数	正贡数	创添续添
细色第一纲	龙焙贡新	水芽	12	10	30	20
细色第二纲	龙焙试新	水芽	12	10	100	50
细色第三纲	龙园胜雪	水芽	16	12	30	90
	白茶	水芽	16	7	30	130
	御苑玉芽	小芽	12	8	100	
	万寿龙芽	小芽	12	8	100	
	上林第一	小芽	12	10	100	
	乙夜清供	小芽	12	10	100	
	承平雅玩	小芽	12	10	100	
	龙凤英华	小芽	12	10	100	

续　表

纲次	品名	茶芽	研水数	焙火数	正贡数	创添续添
细色 第三纲	玉除 清赏	小芽	12	10	100	
	启沃 承恩	小芽	12	10	100	
	雪英	小芽	12	7	100	
	云叶	小芽	12	7	100	
	蜀葵	小芽	12	7	100	
	金钱	小芽	12	7	100	
	玉华/ 叶	小芽	12	7	100	
	寸金	小芽	12	9	100	
细色 第四纲	龙园 胜雪	水芽	12	10	150	
	无比 寿芽	小芽	12	15	50	50
	万春 银叶	小芽	12	10	40	60
	宜年 宝玉	小芽	12	12	40	60
	玉清 庆云	小芽	12	9	40	60
	无疆 寿龙	小芽	12	15	40	60

续　表

纲次	品名	茶芽	研水数	焙火数	正贡数	创添续添
细色 第四纲	玉叶 长春	小芽	12	7	100	
	瑞云 翔龙	小芽	12	9	108	
	长寿 玉圭	小芽	12	9	200	
	兴国 岩銙	中芽	12	10	270	
	香口 焙銙	中芽	12	10	500	
	上品 拣芽	中芽	12	10	100	
	新收 拣芽	中芽	12	10	600	
细色 第五纲	太平 嘉瑞	小芽	12	9	300	
	龙苑 报春	小芽	12	9	60	
	南山 应瑞	小芽	12	15	60	60
	兴国岩 拣芽	中芽	12	10	510	60
	兴国岩 小龙	中芽	12	15	705	

续　表

纲次	品名	茶芽	研水数	焙火数	正贡数	创添续添
细色第五纲	兴国岩小凤	中芽	12	15	50	
先春两色	太平嘉瑞	小芽	12	9	200	
	长寿玉圭	小芽	12	9	100	
续入额四色	御苑玉芽	小芽	12	8	100	
	万寿龙芽	小芽	12	8	100	
	无比寿芽	小芽	12	15	100	
	瑞云翔龙	小芽	12	9	100	

又有粗色茶七纲，凡五品。其进贡要待细色纲茶全部发运完毕，才起发。清人汪新壕按校《北苑别录》："按《建安志》云：头纲用社前三日进发，或稍迟亦不过社后三日，第二纲以后，只火候数足发，多不过十日。粗色虽于五旬内制毕，却候细纲贡绝，以次进发。第一纲拜，其余不拜，谓非享上之物也。"[1]

---

[1] 《中国古代茶书集成》，第152页。

粗色七纲纲次、品名、研水数、焙火数、贡数如表3-3所示。

表3-3　建州粗色贡茶纲

纲　次	品　　名		研水数	焙火数	贡数
粗色第一纲	正贡	不入脑子上品拣芽小龙	6	10	1 200
		入脑子小龙	4	15	700
	增添	不入脑子上品拣芽小龙			1 200
		入脑子小龙			700
	建宁府附发	小龙茶			840
粗色第二纲	正贡	不入脑子上品拣芽小龙			640
		入脑子小龙			642
		入脑子小凤	4	15	1 344
		入脑子大龙	2	15	720
		入脑子大凤	2	15	720
	增添	不入脑子上品拣芽小龙			1 200
		入脑子小龙			700
	建宁府附发	小凤茶			1 200
粗色第三纲	正贡	不入脑子上品拣芽小龙			640

续　表

纲次	品　　名		研水数	焙火数	贡数
粗色第三纲	正贡	入脑子小龙			644
		入脑子小凤			672
		入脑子大龙			1 008
		入脑子大凤			1 008
	增添	不入脑子上品拣芽小龙			1 200
		入脑子小龙			700
	建宁府附发	大龙茶			400
		大凤茶			400
粗色第四纲	正贡	不入脑子上品拣芽小龙			600
		入脑子小龙			336
		入脑子小凤			336
		入脑子大龙			1 240
		入脑子大凤			1 240
	建宁府附发	大龙茶			400
		大凤茶			400
粗色第五纲	正贡	入脑子大龙			1 368
		入脑子大凤			1 368
		京铤改造大龙			1 006
	建宁府附发	大龙茶			800
		大凤茶			800

纲 次	品 名		研水数	焙火数	贡数
粗色第六纲	正贡	入脑子大龙			1 360
		入脑子大凤			1 360
		京铤改造大龙			1 600
	建宁府附发	大龙茶			800
		大凤茶			800
		京铤改造大龙			1 300
粗色第七纲	正贡	入脑子大龙			1 240
		入脑子大凤			1 240
		京铤改造大龙			2 352
	建宁府附发	大龙茶			240
		大凤茶			240
		京铤改造大龙			480

总计，细色五纲，正贡6 423饼，续添690饼，共7 100余饼。按细色茶每斤20饼算（其中有很少量的水芽茶每斤四十饼），每年贡茶约350斤；粗色茶四万余饼，每斤八饼，每年贡茶约五千二三百斤。总共不到六千斤。

在北苑这些有名有目的贡品之外，建州每年还要上贡相当数量的蜡茶等一般的片茶。《宋史·食货志》记载建州包括北苑的茶贡数为216 000斤，由于战乱造成的破坏，南宋以后建州贡茶有征收不上的实际困难，据《宋会要辑稿》记载，绍兴五年四月十三日，仓部员外郎章杰上言，请"将建州合发省额茶，且权依绍兴四年例，起发五万斤。余并折价钱，委自本州，收买末茶一十五万斤，赴建康府交纳。从之"①。此后至孝宗淳熙年间依然沿用此例，每年贡茶额五万有奇。

四、北苑官焙贡茶的高成本与稀缺性

北苑贡茶，生产制作极费工时与人力、物力，成本甚高，前文已述。但到底其价值几何呢？所幸宋人留下了一些记载，使今天的我们能够得以了解。

最早与茶价值相关的记载，是蔡襄于治平二年（1065）所撰《茶记》，王家白茶记录了白茶的价值："白茶唯一株，岁可作五七饼，如五铢钱大。方其盛时，高视茶山，莫敢与之角。一饼直钱一千，非其亲故不可得也。"②白茶称为斗品、亚斗，即使是民间茶园所产白茶，亦常被用于贡茶，所谓"今年斗品充官茶"③。

---

① 《宋会要辑稿》食货三二之三一，第537页。
② ［宋］蔡襄：《蔡襄集》卷三四，吴以宁点校，上海古籍出版社，1996年版，第633页。
③ ［宋］苏轼：《荔枝叹》，句下有自注："今年闽中监司乞进斗茶，许之"，见《全宋诗》卷八二二，第9516页。

作为最高价值的茶品，王家白茶一饼如五铢钱大。按，汉武帝元狩五年（前118）时所铸五铢，一般直径2.5～2.55厘米，重3.5～4克。宋代小尺合30.8～30.9厘米，这样看来，王家白茶的茶饼直径不足一寸，比《宣和北苑贡茶录》中的任何一款贡品都小。最小尺寸的贡茶始自元丰五年时任福建路转运使的贾青，李焘《续资治通鉴长编》卷三二二载，元丰五年（1082）春正月，"乙巳，福建路转运使贾青言：'准朝旨相度年额外增造龙凤茶，今度地力可以增造五七百斤，仍乞如民间简牙别造三二十斤入进。诏增额外五百斤，龙凤各半，别计纲进。'又言：'所乞造简牙茶，别制小龙团，斤为四十饼，不入龙脑。从之'"[1]。以此观之，王家白茶之饼，也当是斤四十饼的尺寸。

欧阳修《归田录》（成书于1067年）记录了小龙团初创时的价值："蔡君谟为福建路转运使，始造小片龙茶以进，其品绝精，谓之小团。凡二十饼重一斤，其价直（值）金二两。然金可有，而茶不可得。"[2]宋代金与铜钱的比价，大约为1：10贯（缗，千钱），则仁宗时一饼小龙茶，值金0.1两或1千钱。而程民生先生的研究认为，其时金与铜钱的比价1：9贯[3]，则其时小龙一饼值钱900文。参考蔡襄的记录，当

---

① 《续资治通鉴长编》卷三二二，第7655-7666页。

② ［宋］欧阳修：《归田录》卷二，李伟国点校，中华书局，1991年版，第24页。

③ 程民生：《宋代物价研究》，人民出版社，2008年版，第195页。

时白茶的价值很高。

庄季裕《鸡肋编》（成书于1139年或稍后）卷下记："采茶工匠几千人，日支钱七十足。旧米价贱，水芽一胯犹费五千。如绍兴六年（1136），一胯十二千足尚未能造也，岁费常万缗。官焙有紧慢火候，慢火养数十日，故官茶色多紫。民间无力养火，故茶虽好而色亦青黑。"[1]说是北宋后期，一饼水芽茶成本五千钱，南宋初期，一饼水芽则需钱12千以上，每年官焙造茶费用约需万缗。

姚宽《西溪丛语》卷上："水芽聚之稍多，即研焙为二品，即龙园胜雪、白茶也。茶之极精好者，无出于此。每胯计工价近三十千。其他茶虽好，皆先拣而后蒸研，其味次第减也。"[2]姚书约成于12世纪中期，相比前文所记，十多年间，水芽茶成本一饼近30千钱，增加了近一倍半。

高宗后期，胡仔《苕溪渔隐丛话》记其亲历北苑造茶事及茶价曰："壬午之春（1162），余赴官闽中漕幕，遂得至北苑观造贡茶。其最精即水芽，细如针，用御泉水研造，社前已尝贡余。每片计工直四万钱。分试其色如乳，平生未尝曾啜此好茶，亦未尝尝茶如此之番也。"[3]则水芽的成本已经达到了一饼40千钱，即使扣除物价上涨和货币贬值的因素，贡

---

① ［宋］庄绰：《鸡肋编》卷下，萧鲁阳点校，中华书局，1983年版，第100页。
② 《西溪丛语》卷上，第53页。
③ 《苕溪渔隐丛话》，前集卷四六，第317页。

茶制造成本的上涨也是惊人的。

　　然而，不论价格有多高，贡茶也是"金可有，而茶不可得"的。如前所统计，北苑每年产出的细色贡茶数是极少的，徽宗之前尤其如此，是真正的"限量版"。徽宗之后，贡茶制度确定，每纲每品贡茶皆按规定数目生产，不许超出，如数入贡之后，市面上是不可能有贡茶流通的。人们能够买到的最好的茶，就是接近北苑龙焙壑源等地私家茶园所产的茶。根据胡仔《苕溪渔隐丛话》后集卷十一的记载，北苑贡茶生产，"每岁糜金共二万余缗，日役千夫，凡两月方能迄事。第所造之茶，不许过数，入贡之后，市无货者，人所罕得。惟壑源诸处私焙茶，其绝品亦可敌官焙，自昔至今，亦皆入贡。其流贩四方，悉私焙茶耳。"[1]即便是私焙茶，其绝品好茶也被官方买入成为贡茶。市面流通的茶，都是私家茶园绝品以下的茶。

---

[1] 《苕溪渔隐丛话》后集卷十一，第83页。

第四章

宋代茶饮技艺

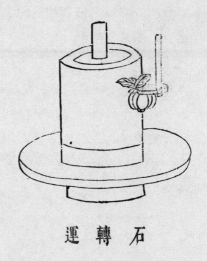

運 轉 石

煎泡茶叶的技艺，唐代、宋代、明代各具特色而又相因发展，唐代煎煮，宋代冲点，明代瀹泡，明代以后，瀹泡散条形叶茶成为中国茶叶品饮的主导方式。而在泡茶技艺的发展之路上，宋代的点茶法处于承上启下的重要位置，而且宋代的点茶技艺，被入宋学习的日本僧人荣西等，从径山茶宴中带回日本，为日本历代茶道界人士学习、吸收，并改造和完善，成为现在日本诸流派抹茶茶道的源头。明代以后，宋代的末茶点茶技艺虽已不再为绝大多数中国人所熟悉和使用，却在日本茶道中得到发扬光大。

一、煮茶至点茶技艺的发展脉络

茶最初进入饮食范畴，是杂合他物煮而为羹饮的。三国魏张揖《广雅》云："荆巴间，采茶作饼，成，以米膏出之，若饮，先炙令色赤，捣末置瓷器中，以汤浇覆之，用葱、姜芼之。"西晋郭义恭《广志》曰："茶丛生，直煮饮为茗；茶、茱萸、檄子之属膏煎之，或以茱萸煮脯冒汁为之，曰茶。有赤色者，亦米和膏煎，曰无酒茶。"[①]唐樊绰《蛮书》卷七介绍云南地区的特产时说："茶出银生城界诸山，……蒙舍蛮以椒、姜、桂和烹而饮之"[②]等等，都是将茶和其他一些食物杂煮而为羹饮。

---

① 皆据《太平御览》卷八六七引，中华书局，1960年版，第3843-3844页。

② ［唐］樊绰：《蛮书》卷七，文渊阁四库全书本。

至迟到南北朝时期，东南江浙地区已不再盛行这种杂煮他物的煮茶法。据唐杨晔《膳夫经手录》言："吴人采其叶煮，是为茗粥"[1]，即江浙地区人们煮茶只是单煮茶叶，而不夹杂其他食物。是否杂煮他物或许表现了地区间的差异，抑或是随着时间的流转东南地区的煮茶习俗发生了改变亦未可知。

茶中夹杂他物煮饮的习惯在唐宋时期一直都相当流行，但在唐代，单煮茶叶的方法开始得到人们的重视，陆羽在《茶经》中更是大加提倡，他甚至将"用葱、姜、枣、橘皮、茱萸、薄荷之等，煮之百沸，或扬令滑，或煮去沫"的茶水贬斥为"沟渠间弃水"，而一般人仍然喜欢饮用这样煎煮出的茶的"习俗不已"，极为感慨[2]。陆羽在江浙采茶，结交名流高士，最后著成《茶经》，吴越之地的饮茶习俗应当对他有相当大的影响。

唐代无论东西南北其饮茶以煎煮法为之的方法却是一致的。唐代煮茶法的基本程序如下：先将茶饼酌取适量碾成茶末，按喝茶人数以人各一盏的茶量约多取一碗水，放入锅（鍑）中烧煮，水烧开第一沸时加入调味用的盐，第二沸时，先舀出一碗，再将茶末从锅中心放入，同时用竹筴在茶汤中搅拌，过一会儿以后，将先前舀出的那碗水再倒入锅中，以

---

① 《膳夫经手录》，碧琳琅馆丛书本。
② 《茶经校注》卷下"六之饮"，第59页。

之"育华救沸",既可以消止烧开的茶水沸腾,同时又可以养育茶汤的精华(这种方法至今仍在中国北方煮水饺、南方煮汤团时被采用,即在烧开之后,再往锅中加一些冷水,养一养,再烧开时,就煮好了),到这时,一锅茶水就算煮好了,再等分到准备好的茶盏中,就可端出待客。

当然,直接用水冲泡的方法,在唐代也已经有了,《茶经》卷下"六之饮":"饮有觕茶、散茶、末茶、饼茶者,乃斫、乃熬、乃炀、乃舂,贮于瓶缶之中,以汤沃焉,谓之痷(淹)茶",陆羽对这种只是用开水泡茶的方法也很看不上眼,将此亦列入"沟渠间弃水"之列[1]。

因此,唐代占主导地位的茶艺是煎煮法,间有冲点、冲泡法。由于社会生活尤其是习俗的发展变化往往是很错综复杂的,很多习俗之间并不存在时间上前后衔接的连续性,更多的场合,它们在时间上的存在是交错的,而在空间上的存在则是并列的,茶叶的煎泡技艺便是如此。

在中国古代,皇室贵族、士大夫们的观念与习俗往往在社会生活中占据着主导的地位,成为占优势的文化价值观念,社会习俗的变化与最终形成定势,往往是从这些阶层开始,即使不从这些阶层开始,也要最终得到这些阶层的认可与认同,才会最终进入我们称为文化的传统之中。以煎煮为主导方式的唐代茶艺在宋代的变化,正是从士大夫官僚阶层

---

[1] 《茶经校注》卷下"六之饮",第58–59页。

开始的。

与唐五代时的情形一样，北宋中期以前，茶饮也是多种方式并存。而且由于士大夫阶层游宦生涯的特殊性，有很多人在其故乡之外的一些地区也生活了长久的时间，在生活习俗的某些方面便会出现兼收并蓄的包容性，平时饮茶也不止用一种饮茶方式。如苏轼的饮茶方法，既有《寄周安孺茶》诗所言："姜盐拌白土，稍稍从吾蜀"[1]，依从其老家四川的习俗在茶中加入姜、盐煮饮，邹浩《次韵仲孺见督烹小团》有句曰："方欲事烹煎，姜盐以为使"，其下有自注云："蜀人煎茶之法如此"[2]，可资佐证。《和姜夔寄茶》诗中，苏轼又在友人寄来建安好茶时嗔责："老妻稚子不知爱，一半已入姜盐煎"[3]，认为建州好茶就当用点茶法，而建州茶的点茶法却是不能放入盐之类东西的，若加入，就会破坏茶的品味，从而影响茶的等级。周密《武林旧事》卷二"进茶"记曰："茶之初进御也，翰林司例有品尝之费，皆漕司邸吏赂之。间不满欲，则入盐少许，茗花为之散漫，而味亦漓矣。"[4]是其反证。虽然苏轼接着就很豁达地想到了"人生所遇无不可，南北嗜好知谁贤"，但不同地区之间饮茶方式的差别显而易见，并且在遣词造句中已经表现了对建茶品饮方式的一定崇尚。

---

① 苏轼：《寄周安孺茶》，《全宋诗》卷八〇五，第9327页。
② 邹浩：《次韵仲孺见督烹小团》，《全宋诗》卷一二三四，第13936页。
③ 苏轼：《和蒋夔寄茶》，《全宋诗》卷七九六，第9219页。
④ 《武林旧事》卷二《进茶》，《全宋笔记》第八编第二册，第35页。

　　此外，由于中国古代文学传统创作偏爱引用典故，因而在诗文中同样或类似的题材、类似的意象，由后人不停地沿用，使得它们在已经变化了的时空跨度里显得有不小的惰性。蔡襄之前后的文人们，在诗文中言及制作茶饮时，仍然较为经常地使用"煎""烹"之类的词，如丁谓《煎茶》："吟困忆重煎"①，林逋《茶》："乳花烹出建溪春"②，梅尧臣《建溪新茗》："粟粒烹瓯起"；又《李仲求寄建溪洪井茶七品云愈少愈佳未知尝何如耳因条而答之》："煮泉相与夸"，又《答宣城张主簿遗鸦山茶次其韵》："煎烹比露芽"③，王洙《王氏谈录》："春秋取新芽轻炙，杂而烹之"④，等等。所以当宋人喝茶说煎烹的时候，很难确定他们到底是在煎茶、烹茶、煮茶，还是确实只是在煎水、煮水、烹泉，没有明确的主导茶艺方法。

　　多种饮茶方式并存的局面在蔡襄《茶录》之后有了根本性的改观。《茶录》是目前现存宋代茶书中最早的完整的茶书，是宋代有关点茶法的最早专文记录。蔡襄写于皇祐年间的《茶录》上篇在"点茶"一节中详细介绍了点茶的具体方法，使得点茶法在当时并存的多种饮茶方式中脱颖而出。在此之前，宋代多种茶艺方法不仅没有主导的方法，而且也没

---

① 丁谓《煎茶》："吟困忆重煎"，《全宋诗》卷一〇一，第1149页。
② ［宋］林逋《茶》："乳花烹出建溪春"，《全宋诗》卷一〇八，第1241页。
③ 分见《全宋诗》卷二四九、卷二五一、卷二五六，第2980、2997、3144页。
④ ［宋］王钦臣：《王氏谈录》"医茶"，《全宋笔记》第一编第十册，第175页。

有专门文字记录，这方面的内容主要零星散见于时人的诗文之中。

在蔡襄写成《茶录》并通过坊肆广为流传之后，由于皇帝如仁宗对北苑茶及其煎点方法的眷顾，由于龙凤茶等贡茶作为赐茶的身价日增，也由于文人雅士如蔡襄之流对建安茶及其点试方法的推重，又由于在大观年间徽宗赵佶亲自写成《大观茶论》再度介绍末茶点饮的方方面面，末茶点饮的方法，很快就在宋代茶艺中占据了主导的地位。

二、《茶录》《大观茶论》与点茶程序

点茶本是建安民间斗茶时使用的冲点茶汤的方法，随着北苑贡茶制度的确立、制作贡茶方法的日益精致和贡茶规模的日益扩大，以及贡茶作为赐茶在官僚士大夫阶层的品誉日著，建茶成为举国上下公认的名茶。在宣扬建茶的过程中，丁谓的作为功不可没。正如衢本《郡斋读书志》卷十二《建安茶录》解题所说："谓咸平中为闽漕，监督州吏，创造规模，精致严谨，录其园焙之数，图绘器具，及叙采制入贡法式"[1]，遂使北苑名天下。

庆历末年在福建路转运使任上同样刻意用工于贡茶的蔡襄，有鉴于"丁谓《茶图》独论采造之本，至于烹试，未曾有闻"的缺憾，遂于皇祐年间又写成《茶录》二篇上进，专

---

① 《郡斋读书志校证》卷十二《建安茶录》，第534页。

从建茶点试角度论述茶的品质及点试所用器具。此书在嘉祐间为人刊刻，"行于好事者"，治平元年蔡襄亲自加以修正，并重新亲手书写，"书之于石"，勒石刊行，"以永其传"①。此外，蔡襄还自写有绢写本《茶录》行世。于是，《茶录》所宣扬的内容伴着蔡襄的书法一起在社会上流传，建茶的点试之法也日益为人们所接受，成为人们品饮上品茶时的主导方式。

《茶录》为宋代的点茶茶艺奠定了艺术化的理论基础，此后徽宗的《大观茶论》对点茶之法亦作了较详细的论述，从这两本书中我们可以看到宋代点茶法的全部程序，《通志》艺文略食货类中还著录有《北苑煎茶法》一卷，但早已不见其传。以下具体介绍点茶茶艺的基本过程，以期阐明点茶法的概况。

1. 碾茶

先将茶饼"以净纸密裹槌碎"，或用特别装置"木待制"（详见后文茶具章）将极坚硬的贡茶龙团凤饼敲碎，然后将敲碎的小茶块放入茶碾碾槽中，快速有力地将其碾成粉末。能够迅速碾成，就能保证茶色的洁白纯正，若用时太长，茶与铁碾槽接触太久，会使茶的颜色受到损害②。

如果吃的是陈年旧茶，就还要先完成一道"炙茶"的程

---

① 《茶录》"前序""后序"，见《中国古代茶书集成》，第101、102页。
② 参见《茶录》上篇《碾茶》及《大观茶论·罗碾》，分见《中国古代茶书集成》，第101、125-126页。

序，即先在干净的容器中用开水将陈年茶饼浸渍一会儿，再将茶饼表面涂有的膏油刮去一两层，再用钳子夹住茶饼在微火上烤炙干爽，就可以像新茶一样开始碾茶。

碾茶若是得法，人们从碾茶时起就可以品味茶的清香了，如陆游《昼卧闻碾茶》："玉川七碗何须尔，铜碾声中睡已无"[①]，不待喝上七碗茶，碾茶时的茶香四溢就已经使人睡意全无了。

2. 罗茶

将碾好的茶末放入茶罗中细筛，确保点茶时使用的茶末极细，这样才能"入汤轻泛，粥面光凝，尽茶色"[②]，为此，要求茶罗罗底一定要"绝细"，而且罗筛时不厌多筛几次。

梁子在《中国唐宋茶道》一书中认为虽然罗茶要求茶末很细，"但并非越细越好"，其根据为蔡襄《茶录》中说"罗细则茶浮，粗则沫（水）浮"，梁子将其理解为"茶浮"是不好的[③]，实在是对《茶录》的误读及对宋代点茶理解不慎所致。因为点茶成功便是要求茶末能在茶汤中浮起的，《茶录》在"候汤"中说汤"过熟则茶沉"，在"熁盏"中说盏"冷则茶不浮"[④]，从正反两面说明点茶是要使茶浮起来的，《大观茶论·罗碾》中也要求多加罗筛，使"细者不耗"，这样点

---

① 《全宋诗》卷二一六四，第24495页。
② 《大观茶论》"罗碾"，见《中国古代茶书集成》，第126页。
③ 　梁子：《中国唐宋茶道》，陕西人民出版社，1994年版，第161页。
④ 《茶录》上篇"候汤""熁盏"，《中国古代茶书集成》，第101、102页。

茶时才能使茶末"入汤轻泛"[①],而泛者,浮也。丁谓《煎茶》诗曰:"罗细烹还好"[②],也说明罗茶的标准是茶末越细越好的。

3. 候汤

关于烧水,则需精心候汤。古人称沸水、热水为"汤"。《论语·季氏》:"见善如不及,见不善如探汤。"[③]蔡襄《茶录》、徽宗《大观茶论》及宋代其他不少文人都论及烧水点茶方面。

关于候汤,就是要把握烧水的火候以及水烧开的程度。唐人水讲三沸,称以鱼目蟹眼,陆羽《茶经》卷下"五之煮"认为当用第二沸水:"其沸如鱼目,微有声,为一沸。缘边如涌泉连珠,为二沸。腾波鼓浪,为三沸。已上水老,不可食也。……第二沸出水一瓢,以竹箑环激汤心,则量末当中心而下。有顷,势若奔涛溅沫,以所出水止之,而育其华也。"[④]蔡襄《茶录》认为"候汤最难,未熟则末浮,过熟则茶沉"[⑤],只有掌握汤水的适当火候,才能点出最佳的茶来。

宋代煮水是闷在汤瓶中煮的,看不到水沸时的气泡,所以很难掌握火候:"瓶中煮之,不可辨,故曰候汤最难。"[⑥]到了南宋,罗大经《鹤林玉露》丙编卷三《茶瓶候汤》记其与

---

① 《大观茶论》"罗碾",见《中国古代茶书集成》,第126页。
② [宋]丁谓:《煎茶》,《全宋诗》卷一〇一,第1149页。
③ 《论语·季氏》,见《论语注疏》卷十六,《十三经注疏》,第5479页。
④ 《茶经校注》,第50-51页。
⑤ 《茶录》上篇"候汤",《中国古代茶书集成》,第101页。
⑥ 《茶录》上篇"候汤",《中国古代茶书集成》,第101页。

好友李南金将煮汤候火的功夫概括为四个字："背二涉三"，也就是刚过二沸略及三沸之时的水，点茶最佳。他们的概括是一种依赖于经验的方法，也就是靠倾听烧开水时的响声。民间至今仍有"开水不响，响水不开"的生活谚语，水烧开前后因其沸腾程度的不同所激发出的声音是不一样的。李南金对背二涉三时的水响之声作了形象的比喻："砌虫唧唧万蝉催，忽有千车捆载来。听得松风并涧水，急呼缥色绿瓶杯。"而罗大经则认为李南金还略有不足，认为不能用刚离开炉火的水点茶，这样的开水太老，点泡出来的茶会苦，而应该在水瓶离开炉火后稍停一会儿，等瓶中水的沸腾完全停止后再用以点茶，且另写了一首诗补充李南金："松风桧雨到来初，急引铜瓶离竹炉。待得声闻俱寂后，一瓯春雪胜醍醐。"[1]明高濂《遵生八笺》所列"茶具十六器"中有"静沸"一项，取义与此同。

　　因了茶瓶煮水的缘故，在静静的点茶场合，茶人还能静心聆听到松风、涧水的声响，也是宋代专用汤瓶这一茶具，给人们带来另一重审美体验。

　　苏轼《试院煎茶》是宋代最著名的茶诗之一，其中首联论煮水，已经涉及唐观气泡法和宋代听声音法：

　　蟹眼已过鱼眼生，飕飕欲作松风鸣。

---

① ［宋］罗大经：《鹤林玉露》丙编卷三《茶瓶汤候》，中华书局，1997年版，第279页。

蒙茸出磨细珠落，眩转绕瓯飞雪轻。

银瓶泻汤夸第二，未识古人煎水意（自注：古语云煎水不煎茶）。

君不见昔时李生好客手自煎，贵从活火发新泉。

又不见今时潞公煎茶学西蜀，定州花瓷琢红玉。

我今贫病常苦饥，分无玉碗捧蛾眉。

且学公家作茗饮，砖炉石铫行相随。

不用撑肠拄腹文字五千卷，但愿一瓯常及睡足日高时。①

宋人论烧水开时的气泡，用词已经异于唐人，蟹眼鱼目并称，且多用蟹眼。

4. 熁盏

因为人们普遍认为，将茶杯预热，有助于激发茶香，因而饮茶之前，用开水烫涤茶盏茶壶，这个习惯至今在中国人的日常饮茶及日本的茶道中仍有所保留。而此习惯始于宋代点茶。《茶录》上篇"熁盏"条首次提出预热茶盏的概念。调膏点茶之前，先在火上熏烤茶盏，"熁盏令热"，可以使点茶时茶末上浮，"发立耐久"②，有助于优化点茶的效果。

5. 点茶

点茶的第一步是调膏。一般每碗茶的用量是"一钱匕"左右，放入茶碗后先注入少量开水，将其调成极均匀的茶

---

① 《试院煎茶》，《全宋诗》卷七九一，第14册，第9160页。
② 《茶录》上篇"熁盏"，《中国古代茶书集成》，第102页。

膏，然后一边注入开水一边用茶匙（徽宗以后以用茶筅为主）击拂。（日本抹茶道中，大多没有调膏这一步，且是一次性放好开水一次性完成点茶的。）蔡襄认为"汤上盏可四分则止"，差不多到碗壁的十分之六处就可以了。徽宗在《大观茶论》中认为要注汤击拂七次，看茶与水调和后的浓度轻、清、重、浊适中即可：

点茶不一，而调膏继刻。……妙于此者，量茶受汤，调如融胶。环注盏畔，勿使侵茶。势不欲猛，先须搅动茶膏，渐加击拂，手轻筅重，指绕腕旋，上下透彻，如酵蘗之起面，疏星皎月，灿然而生，则茶面根本立矣。

第二汤自茶面注之，周回一线，急注急止，茶面不动，击拂既力，色泽渐开，珠玑磊落。

三汤多寡，如前击拂渐贵轻匀，周环旋复，表里洞彻，粟文蟹眼，泛结杂起，茶之色十已得其六七。

四汤尚啬，筅欲转稍宽而勿速，其真精华彩，既已焕然，云雾渐生。

五汤乃可少纵，筅欲轻匀而透达，如发立未尽，则击以作之。发立已过，则拂以敛之，结浚霭，结凝雪，茶色尽矣。

六汤以观立作，乳点勃然，则以筅著居，缓绕拂动而已。

七汤以分轻清重浊，相稀稠得中，可欲则止。乳雾汹涌，溢盏而起，周回凝而不动，谓之咬盏，宜均其轻清浮合者饮之。《桐君录》曰："茗有饽，饮之宜人"，虽多不为

过也。^①

注汤击拂点茶是一个很短暂的过程，徽宗将其细致地分析成七个步骤，每一步骤更为短暂，但点茶人却能从中得到不同层次的感官体验，从中可以品味点茶时细腻而极致的感官体验和艺术审美。

三、分茶与斗茶

1. 奇幻的分茶

宋代的点茶，从茶的泡饮程序上来说，只是在唐代煮茶的基础上略有简化，在它的分步程序中，每每充分体现了宋人深入细致、适情适意、注重人感官感受的审美倾向与特征。而分茶，则是唐代尚未出现的一种更为独特的茶艺活动，它在两宋都受到人们的高度重视，甚至被当时的人们视为一种特别的专门技能，往往和书法等项技艺相提并论。如向子諲《浣溪沙》词题记其词为赵总怜所作，而介绍其人时特别指出"赵能着棋、写字、分茶、弹琴"^②。

分茶技艺是在唐宋之间的五代时期出现的，北宋初年陶谷在其《清异录·茗荈门》之"生成盏"一条中^③，记录了福

---

① 《大观茶论》"点"，《中国古代茶书集成》，第126页。
② 唐圭璋编：《全宋词》，第二册，中华书局，1965年版，第975页。
③ ［宋］陶谷：《茗荈录》，《中国古代茶书集成》，第91页。按：《生成盏》题不妥，其乃取"生成盏里水丹青"首三字而成，全名意指在茶碗里面将茶汤指点成画，取"生成盏"破句破词破意，当用《水丹青》为妥。

全和尚高超的分茶技能，称其"能注汤幻茶，成一句诗，并点四瓯，共一绝句，泛乎汤表。小小物类，唾手办耳"。陶谷认为，这种技艺"馔茶而幻出物象于汤面者，茶匠通神之艺也"。当时人也甚感神奇与不易，因而纷纷到庙里要求看福全表演"汤戏"，福全为此甚感得意，作诗自咏曰："生成盏里水丹青，巧画工夫学不成。欲笑当时陆鸿渐，煎茶赢得好名声。"[1]他甚至认为陆羽的煎茶技艺也没什么了不起。

关于这项新鲜神奇的技艺，当时并无"分茶"之专称，而是或称为"汤戏"，或称为"茶百戏"，陶谷《清异录·茗荈门》中"茶百戏"条有专门记载：

茶至唐始盛，近世有下汤运匕，别施妙诀，使汤纹水脉成物象者，禽兽虫鱼花草之属，纤巧如画，但须臾即就散灭，此茶之变也，时人谓之"茶百戏"。[2]

从宋人诗中可知，"注汤幻茶"、馔茶幻象这一技艺在北宋前期始被称为"分茶"。

"分茶"一词，唐代已有，但指意与宋代完全不同。唐代分茶，是指将在锅中煮好的茶汤，等份酌分到所设好的茶碗之中。宋代的分茶，基本上可以视作是在点茶的基础上更进一步的茶艺，一般的点茶活动，只须在注汤过程中边加击拂，使激发起的茶沫"溢盏而起，周回凝而不动"，紧贴着

---

① 《茗荈录》"茶百戏"，《中国古代茶书集成》，第91页。
② 《大观茶论》"点"，《中国古代茶书集成》，第126页。

茶碗壁就可以算是点茶点得极为成功了。而分茶，则是要在注汤过程中，或直接注水写字，或用茶匙（徽宗后以用茶筅为主）击拂拨弄，使激发在茶汤表面的茶沫幻化成各种文字形状以及山水、草木、花鸟、虫鱼等各种图案。杨万里《澹庵坐上观显上人分茶》详细记述了一次分茶活动的情形：

> 分茶何似煎茶好，煎茶不似分茶巧。
>
> 蒸水老禅弄泉手，隆兴元春新玉爪。
>
> 二者相遭兔瓯面，怪怪奇奇真善幻。
>
> 纷如擘絮行太空，影落寒江能万变。
>
> 银瓶首下仍尻高，注汤作字势嫖姚。
>
> 不须更师屋漏法，只问此瓶当响答。[①]

应当说分茶茶艺有着相当的随意性，它要根据注汤的先期过程中，茶汤中水与茶的融合状态，再加击拂拨弄成与之相近的文字及花鸟虫鱼等图案。很像现在的吹墨画，先将墨汁倒在宣纸上，然后根据纸上之墨态，依形就势，吹弄而成。而分茶的随意性比吹墨画还要大，倒墨是可以由吹画人自己适当控制的，而注汤本身就是一种技术，经验与随机性相结合，亦不是很容易的。所以分茶的随意性决定了它很难掌握，使分茶成了只有极少数熟习者才能掌握的特殊技艺。

从农业社会以来，罕见而少有能者的事物与技艺，身价往往特别高，分茶也是如此。

---

① 《诚斋集》卷二，《全宋诗》卷二二七六，第16册，第26085页。

点茶固难，分茶则更难。作为一项极难掌握的神奇技艺，分茶茶艺得到了宋代文人士大夫们的推崇，也成为他们雅致闲适的生活方式中的一项闲情活动，如陆游《临安春雨初霁》所描绘的：“矮纸斜行闲作草，晴窗细乳戏分茶”①等。

由于能之者甚少，知之者也不多。分茶之于宋人诗文中的记录并不多见，因而有人误将分茶与点茶看成一事两称，认为二者是同样的。如钱锺书先生注陆游诗《临安春雨初霁》之“晴窗细乳戏分茶”句便是如此。注中将此处之“分茶”及前引杨万里诗中“分茶”一起，与徽宗《大观茶论》及蔡京《延福宫曲宴记》中的“点茶”混为一谈②。其实《大观茶论·点》将点茶的步骤、要求及效果写得清清楚楚，而杨万里的诗也将分茶的情景描绘得很细致，一读之下便可发现它们的不同之处。

2. 竞胜的斗茶

斗茶从出现的时间顺序来说，要早于点茶。点茶从斗茶发展而来，但从二者所关注和着意表达的重点来看，斗茶又不同于点茶。后唐冯贽《记事珠》中说“建人谓斗茶为茗

---

① 《剑南诗稿》卷十七，《全宋诗》卷二一七〇，第39册，第24638页。
② 钱锺书《宋诗选注》，人民文学出版社，1958年9月版1979年6月第三次印刷，第205-206页。现校订版已改正。钱先生后来在1982年版《宋诗选注》也已经改订旧说，论者以之“为近实。不过若求翔实与确切，则仍嫌不足”，见扬之水《两宋茶事》第45页。

战"①，可见斗茶是早在唐末五代初时就形成的流行于福建地区的地方性习俗。从后来宋代的斗茶中可知，福建地区的这种"斗茶"与唐时在全国较大范围内流传的争早斗新之"斗茶"是不同的。如白居易《夜闻贾常州、崔湖州茶山境会想羡欢宴因寄此诗》诗中"紫笋齐尝名斗新"②句，说的就是斗新之斗。

入宋，福建地区的斗茶方法借贡茶之机为全国范围内的人们所熟识、接受和使用。斗茶方式纵贯两宋，泉州南宋莲花峰尚留有南宋末年人们在那里斗茶的题记刻石。南宋淳祐七年（1247），知泉州兼福建市舶司提举赵师耕在九日山祭祀海神通远王祈求海舶顺风，并留题记："淳祐丁未仲冬二十有一日，古汴赵师耕以郡兼舶，祈风遂游"后，次日游莲花峰，在那里斗茶后题记云："斗茶而归。淳祐丁未仲冬二十有二日，古汴赵师耕题。"③

宋代斗茶的核心在于竞赛茶叶品质的高下来论胜负，其基本方法是通过梅尧臣《次韵和永叔尝新茶杂言》所谓"斗浮斗色"④来品鉴的。

---

① 《云仙散录》，附录一《云仙杂记》卷十，第二十条"茗战"，附录二《记事珠》，第222、238页。按：作者冯贽之朝代，四库馆臣录为唐代，今人研究以其为后唐。
② 《全唐诗》卷四四七，第13册，第5027页。
③ 李玉昆《泉州所见与茶有关的石刻》，载《农业考古》1991年第4期，第255页。
④ ［宋］梅尧臣：《次韵和永叔尝新茶杂言》，《全宋诗》卷二五九，第5册，第3262页。

　　关于茶汤的色与浮的斗法，蔡襄在《茶录》中都有明确说明，如其在上篇"色"中说："既已末之，黄白者受水昏重，青白者受水鲜明，故建安人斗试，以青白胜黄白"，又上篇"点茶"："汤上盏，可四分则止，视其面色鲜白、着盏无水痕为绝佳。建安斗试以水痕先者为负，耐久者为胜。故较胜负之说，曰相去一水、两水。"①要求注汤击拂点发出来的茶汤表面的沫饽，能够较长久贴在茶碗内壁上，就是梅尧臣《（次韵和永叔尝新茶杂言）次韵和再拜》所谓"烹新斗硬要咬盏"②，王珪《和公仪饮茶》"云叠乱花争一水"③，苏轼《和姜夔寄茶》"水脚一线争谁先"④。关于"咬盏"，徽宗《大观茶论·点》曾有较详细的说明："乳雾汹涌，溢盏而起，周回凝而不动，谓之咬盏。"⑤

　　关于茶色之斗，徽宗《大观茶论·色》说："以纯白为上真，青白为次，灰白次之，黄白又次之"⑥，纯白的茶是天然生成的，建安有少数茶园中有天然生出一两株白茶树，非人

---

① 《茶录》上篇"色""点茶"，《中国古代茶书集成》，第101、102页。
② ［宋］梅尧臣：《（次韵和永叔尝新茶杂言）次韵和再作》，《全宋诗》卷二五九，第5册，第3262页。按：诗题《宛陵集》卷五六作"次韵再和"，新编《全宋诗》录作"次韵和再拜"并注"拜"云："当作'作'"，今录"拜"为"作"。
③ ［宋］王珪：《和公仪饮茶》，见《全宋诗》卷四九四，第9册，第5982页。又，《华阳集》卷二本句下并有自注曰："闽中斗茶争一水"。
④ ［宋］苏轼《和蒋夔寄茶》，《全宋诗》卷八〇五，第14册，第9219页。
⑤ 《大观茶论》"点"，《中国古代茶书集成》，第126页。
⑥ 《大观茶论》"色"，《中国古代茶书集成》，第127页。

力可以种植。白茶早在建安民间就为斗茶之上品，北宋中期
以后，人们干脆就将它称为"斗茶"，《东溪试茶录·茶名》
载：建安"茶之名有七，一曰白叶茶，民间大重，出于近岁，
园焙时有之。地不以山川远近，发不以社之先后，芽叶如
纸，民间以为茶瑞，取其第一者为斗茶"[1]。梅尧臣《王仲仪寄
斗茶》诗句："白乳叶家春，铢两值钱万"[2]，就说明叶家的白茶
是斗茶，苏轼《寄周安孺茶》中也有"自云叶家白，颇胜中
山醾"[3]，刘弇《龙云集》卷二八《策问第三十六·茶》亦说：
"其制品之殊，则有……叶家白、王家白……"[4]，说明叶家、
王家的天生白茶一直都很有名，而这是斗茶之斗色使然。至
北宋末年，由于徽宗对白茶的极度推重，从此终两宋时代，
白茶都是茶叶中的第一品。

　　应当说明的是点茶与斗茶的区别。斗茶在全国被广泛
使用之后，它的基本方法被取用为宋代的主导茶艺方式，故
点茶与斗茶的鉴别标准与技术要求基本都是相同的，唯一的
区别就在于斗茶在水脚生出的先后时间上要比出个高低上下
而已。

　　斗茶是"斗色斗浮"，与品味争先的茶叶鉴别是不同的，

[1] 《东溪试茶录》"茶名"，《中国古代茶书集成》，第108页。
[2] 《全宋诗》卷二四七，第5册，第2905页。
[3] 《全宋诗》卷八〇五，第14册，第9327页。
[4] ［宋］刘弇：《龙云集》卷二八，见《全宋文》卷二五五八，第119册，第
　　32-33页。

由此从范仲淹（989—1052）著名的《和章岷从事斗茶歌》中就引出了一段历史公案，诗中有曰："黄金碾畔绿尘飞，紫玉瓯心雪涛起。斗茶味兮轻醍醐，斗茶香兮薄兰芷。"[1]宋仁宗景祐元年（1034），范仲淹谪守睦州（桐庐郡）。幕职官中有建州浦城（今属福建）人章岷，字伯镇，任推官、从事。与范仲淹一起游览桐庐山水，多有诗歌唱和。如章岷写《陪范公登承天寺竹阁》，范仲淹以《和章岷推官同登承天寺竹阁》相和。章岷家乡浦城是福建贡茶建州属地，因此他熟谙建州斗茶，平时常与范仲淹等同好饮茶斗茶，写了《斗茶歌》以示同好，范仲淹则和之以长诗《和章岷从事斗茶歌》。历来人们都将此诗作为宋代斗茶习俗的生动描绘，殊不料由于范仲淹对斗茶之事不甚详悉而存在着对宋代斗茶的误解，他在斗茶诗中的具体描绘也有着诸多的疑点。

　　首先，关于斗茶的茶色，南宋后期陈鹄所撰《耆旧续闻》卷八对此已有所察觉："范文正公茶诗云：'黄金碾畔绿尘飞，碧玉瓯中翠涛起。'蔡君谟谓公曰：'今茶绝品者甚白，翠绿乃下者尔，欲改为玉尘飞、素涛起。'"[2]范仲淹对上品斗

---

① 见《全宋诗》卷一六五，第3册，第1868页。与下文《耆旧续闻》所记"黄金碾畔绿尘飞，碧玉瓯中翠涛起"不同。按："斗茶味兮""斗茶香兮"之"茶"字，《范文正集》卷二及新编《全宋诗》所录，皆作"余"字，于文义极不合。北宋阮阅《诗话总龟》后集卷二十九《咏茶门》、南宋祝穆《古今事文类聚》续集卷十二《香茶部》、南宋陈景沂《全芳备祖》后集卷二十八《药部・茶》等书收录此诗此二字皆作"茶"字，今据改。
② ［宋］陈鹄：《耆旧续闻》卷八，《全宋笔记》第六编第五册，第95页。

茶的茶色完全搞错，可见他对建安斗茶之事不甚了解。今诸本皆作"黄金碾畔绿尘飞，紫玉瓯心雪涛起"，可见范仲淹至少听取了蔡襄的一个建议。

其次，关于斗茶的品鉴核心，范仲淹认为是"斗茶味兮轻醍醐，斗茶香兮薄兰芷"，在于品鉴茶的香味。虽然茶的色与味从当时至今仍是品鉴茶叶的基本标准，但它却不是斗茶的技术评定标准，斗茶胜负的最终标准并不全在于茶香、茶色，而更在于看茶碗壁上显现出的水痕，先现者为负，后现者为胜，即所谓"水脚一线争谁先"。

蔡襄是福建人，曾多次在福建地区任职，本人又精研于点试茶艺，对福建地区的茶艺当是最熟悉不过的了，所以他在《茶录》中说"故建安人斗试，以青白胜黄白""建安斗试以水痕先者为负，耐久者为胜"[1]，当是对源起于建安风俗的宋代斗茶茶艺活动最准确的说明。而梅尧臣"斗色斗浮顶[2]夷华"诗句则是对宋代斗茶茶艺最精练简明的概括说明。范仲淹未曾到过福建，对从闽地流传出的流行于上流社会中的有关斗茶习俗似乎并不熟悉，当他和别人唱和有关斗茶的诗歌时，肯定是根据他所熟悉的一般点茶斗茶。由于范仲淹卒于皇祐四年（1052），此时蔡襄的《茶录》尚未流布，因而范仲淹的《斗茶歌》既不能算正确也不能完全算不正确。事实上

---

[1] 《茶录》上篇"色""点茶"，《中国古代茶书集成》，第101、102页。
[2] "顶"字有版本作"倾"。

也从侧面说明了茶尚白、盏宜黑、斗色斗浮的宋代斗茶，在宋代社会全面流行开来的时间是在蔡襄《茶录》广为流传之后。

张继先《恒甫以新茶战胜因咏歌之》诗曰："人言青白胜黄白，子有新芽赛旧芽。龙舌急收金鼎火，羽衣争认雪瓯花。蓬瀛高驾应须发，分武微芳不足夸。更重主公能事者，蔡君须入陆生家。"①与王庭珪《刘瑞行自建溪归数来斗茶大小数十战，予惧其坚壁不出，为作斗茶诗一首且挑之使战也》诗："乱云碾破苍龙壁，……惟君盛气敢争衡，重看鸣鼍斗春色。"②说的都是建安斗茶的情况。

宋元之际的钱选、元代赵孟頫绘有《品茶图》《斗茶图》（见图4-1、图4-2），系从南宋刘松年所绘《茗园赌市图》摘取局部改绘而成，可以说基本反映的是宋代斗茶的情况。画面中人目光所聚焦的中年汉子，左手拿着一只茶碗，面带若有所思之神情，似乎是刚刚喝完了茶，正在仔细品味，而面对并看向他的两个人目光中充满期待，正等待他说出评价。这幅图中斗茶的核心内容显然在于对茶的品味，而不是通过观看茶汤的外形和茶色来品鉴，与北宋蔡襄以来斗色斗浮的斗茶显然不同，可见斗茶的重心在宋代不同时期不是一以贯之的。

不过，这种斗茶的重心不一贯，在时间跨度上的表

---

① 《全宋诗》卷一一九七，第20册，第13519页。
② 《全宋诗》卷一四五五，第25册，第16747页。

图4-1　钱选《品茶图》　　　　图4-2　赵孟頫《斗茶图》

现却不是连续的，在更多的时候，更多地表现为一种并行的状态，即在两宋大部分的时间里，既有尚白色斗浮斗色的斗茶，也有不计茶汤色白色绿而注重茶的香和味品鉴的斗茶。

　　点茶其实就是没有竞胜目的的斗茶，除却没有相互之间的高下评比之外，点茶的所有程序、要求与斗茶都是一样的，从以上论述可以得知，日常点茶饮茶茶艺所用的茶叶，在整个两宋时代也都是白色和绿色并行的。

　　这里就让人联想到中日茶文化交流中的一个问题，日本抹茶道最早是从入宋禅僧荣西、南浦绍明等人传习回日本的宋代茶艺，宋代点茶、斗茶茶艺中茶色尚白，日本茶道中的茶汤却是自荣西为镰仓幕府第三代将军源实朝送茶汤以来至今都是绿色。可以肯定的是，荣西是按他在宋朝的径山寺学禅时所耳熟能详的茶艺方法调茶点茶的，那么，至少当时在径山寺的僧人那里日常所使用的茶叶是绿色的。荣西于1168年、1187—1191年两次入宋，那么可以推测南宋时期是绿色茶与白色茶并重的。北宋至少在蔡襄《茶录》之前亦然。蔡襄之后，茶色尚白的观念影响日渐扩大，文人士大夫日渐崇尚，再经过宋徽宗的推崇，成为宋代茶叶品鉴中占主导地位的价值观念，然而这并没有完全阻止绿色茶在实际生活中茶饮茶艺活动中的大量存在。因为纯白的或极白的茶叶都只限于数量极少的建安贡茶，这种茶是社会中绝大多数人享用不到的，所以汤色能够呈现白色的茶虽然在价值上与观念中都品质极高，但其使用却并不广泛。

3. 宋代其他饮茶法

除了点茶、分茶、斗茶外，宋代社会中还存在着其他至少两种饮茶方法：煎茶和泡茶。

煎茶法是唐代煎煮饮茶法的遗风，是前代主导饮茶方式的遗存。泡茶法，即直接瀹泡散条形的茶叶。泡茶法在明代以后一直是中国茶饮的主导方式，此方法约在南宋中后期出现，是宋代茶艺初期趋繁后期趋简的后一极。叶茶形式在唐代茶饮中就已曾被使用，刘禹锡《西山兰若试茶歌》："宛然为客振衣起，自傍芳丛摘鹰嘴。斯须炒成满室香，便酌砌下金沙水。……新芽连拳半未舒，自摘至煎俄顷余。"[1]表明在唐代就有叶茶形式的茶饮，不过这时仍使用煎煮法饮用叶茶。而到宋末元初时，据虞集《次韵邓善之游山中》描绘，浙江杭州龙井一带的茶叶已经开始使用直接瀹泡的方法饮用了，饮用时"但见瓢中清，翠影落群岫"[2]，与此后至今一直占据中国茶饮方式主导地位的叶茶瀹泡法相同。

　　宋代茶艺在茶叶外形和饮用方法上在中国茶文化史中起着承上启下的作用，唐代茶叶形态主要是饼茶，宋代则是饼茶与叶状散茶同时大量存在，为元明以后叶茶占主导地位作了良好的铺垫；唐茶使用末茶煎煮法，宋茶使用末茶冲点法，当末茶形式的点饮法渐渐淡出以后，叶茶瀹泡法立刻就占据了茶饮茶艺的大舞台。在中国茶文化史中，宋代茶艺既形成了自身鲜明独特的茶文化，又为唐明之间的茶文化过渡发展提供了实物与观念的准备。

① 《全唐诗》卷三五六，中华书局，1960年版，第400页。
② ［元］虞集：《次韵邓善之游山中》，见《道园遗稿》卷一，北京图书馆古籍珍本丛刊094，书目文献出版社，1998年版，第11页。

第五章

别具风格的宋代茶具

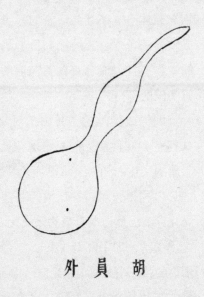

胡 員 外

茶器具在任何时代、任何一种形式、任何一种流派的茶艺活动中，都占据极为重要的地位，起着极为重要的作用，这是茶艺活动自身的消费特征所决定的。

作为一种物质消费活动中的中心物品，茶叶在茶艺活动中的角色虽然至关重要，却存在着一种致命的遗憾，那就是在每次的茶饮、茶艺活动中，茶叶自身都是一种消耗品，再名贵再高档的茶叶，在每次的茶饮茶艺活动结束之时，它的作用与意义也就都随之终结了，所有的美好，只能存在于图像和感官的记忆中。

能够一次又一次反复出现在茶饮茶艺活动之中，而且有较为持久的意义与恒常地位的是茶饮茶艺活动必备的运行器物与载体——茶器具。它们除了在每次茶艺活动中扮演不可或缺的角色之外，还因其不易消耗性以及可能并且已经具有的文物属性，成为茶饮茶艺活动中能够持久存在并且文化寓意明确的部分。

同样或同类的茶具由于反复在多次茶艺活动中被使用，其拥有者和使用人的身份地位就会对茶具有所加持，使其被附着的文化内涵得以凸现。又因茶具与其所容载的茶叶、茶汤的形色相得益彰，它便成为茶艺活动中符号意义鲜明的物质文化存在。所以茶具成为茶文化之精神内涵的重要传播载体。

唐代，因了陆羽《茶经》，茶具开始逐渐从与酒食药共享器物的状况中分离出来，专门化的茶具开始出现，并日益稳定。

宋代茶饮茶艺用具，不仅丰富多彩、独具其时代特色，并且与宋代的点茶茶艺一起传到了日本，在日本各派茶道茶艺活动与文化中留下了深深的印记，在世界茶文化史中也占有重要的一席之地。

宋代茶书中所见的茶具，其数目只及唐代《茶经》中的一半，尤其在生火、盛取水等过程性用具方面较之大为简略。不过在实际生活中使用的茶具却不少，综合茶书中与实际生活中使用的茶具来看，宋代茶具的重头，集中在碾罗茶叶、煮水点试方面。以下分类述之（见表5-1）。

表5-1 宋代茶具一览表

类别	茶书中的茶具				实际生活中使用的茶具			
藏茶	茶焙	茶笼	茶盒		茶瓶	茶缶	茶罐	
炙茶	茶钤							
碾茶	砧椎	茶碾	茶磨	棕帚	茶臼			
罗茶	茶罗							
贮茶末					茶合	纸囊	茶罐	
取茶	茶匕				茶则	茶匙	茶荷	
生火					茶灶	茶炉		
煮水	汤瓶				茶铫	水铫	石鼎	瓶托
盛取水	杓				水盆	水瓮	水罐	
点茶	茶匙	茶筅						
饮茶	盏/碗	盏托						
清洁	茶巾				渣斗			
盛贮					大合			

一、藏茶用具

宋代茶书中藏茶用具有三种，蔡襄《茶录》下篇"器论"中首列了两种藏茶用具：茶焙和茶笼，另外是徽宗《大观茶论》中用来"缄藏"烘焙好的茶饼的"用久漆竹器"[①]——徽宗没有具体说明这种器物的名称，这里姑且称之为茶合。而宋代实际生活中一直还有使用陶瓷乃至椰壳等多种材料制成的茶瓶、茶罐、茶缶等器具藏茶的习俗。图5-1和图5-2所示这些大小不等、形状不一的贮茶瓶缶主要是用来贮藏叶茶、茶饼和加工好的末状茶粉的。

藏茶茶焙不是制茶园焙，它是用竹编的，内置炭火的竹笼，顶有盖，中有隔，《茶录》下篇"茶焙"："盖其上以收火也，隔其中以有容也，纳火其下，去茶尺许，常温温然，所以养茶色香味也"[②]，其炭火用的是所谓"熟火"，即《大观茶论·藏焙》所谓"以静灰拥合七分，露火三分，亦以轻灰掺覆"[③]。（见图5-3）

茶笼是用蒻叶编成的，不用火，将茶饼用蒻叶密封包裹后，盛在蒻叶笼中，放在高处使其"不近湿气"。虽然茶笼本身不密封，但茶饼本身已为蒻叶所密裹，实质上

---

① 《大观茶论》"藏焙"，《中国古代茶书集成》，第127页。
② 《茶录》"茶焙"，《中国古代茶书集成》，第102页。
③ 《大观茶论》"藏焙"，《中国古代茶书集成》，第127页。

图5-1　北宋定窑瓷盒

图5-2　宋代龙泉窑青釉荷叶形
盖罐，四川遂宁市金鱼
村窖藏出土。（现藏于遂
宁市博物馆）

图5-3　宋代藏茶茶焙，欣赏编
本《茶具图赞·韦鸿胪》

使用了密封藏茶法，可谓是后来出现并沿用至今的密封藏茶法的先声。关于茶焙与茶笼的藏茶分工，蔡襄《茶录》下篇"茶笼"条认为二者是分开的，"茶不入焙者，宜密封，裹以蒻叶笼盛之"，意即一部分茶叶放在茶焙中经常用火烤炙，另一些不放入茶焙中的茶叶则密裹放在蒻叶笼中。①

到徽宗时，这种方法已得到改进，即先在茶焙中将茶饼烤焙干燥之后，再放到可以密封的器物中密封缄藏，而且在多次开封取茶叶后，可采用再次重复焙干后缄藏的方法，这样可以长久保持茶叶新茶时的品色。

陆羽《茶经》卷下"六之饮"认为，要真正领略茶饮茶艺的真谛与精华，会有九种困难，即所谓"茶有九难"，其第九难是"饮"，"夏兴冬废，非饮也"②，只有一年到头饮茶不断才算是真正的饮茶。而对于一年到头经常要饮用的茶来说，因其自身易吸湿、串味的特性，要妥善保存好是非常重要的。宋人很明白地意识到了这一点，不仅蔡襄将藏茶器具列在了茶具之首，而且在茶艺实践中人们还在不断地更新改善藏茶用具，使之更好地发挥对茶叶的保管作用，为茶饮茶艺活动提供最好的茶叶。

---

① 《茶录》"茶笼"，《中国古代茶书集成》，第102页。
② 《茶经校注》，第60页。

二、碾茶用具

碾茶具是宋代茶具中品种较多的一类，共有五件：茶钤、砧椎、茶碾、茶磨和棕帚。

茶钤是碾茶的准备性工作的附属辅助用具，用于夹着茶饼在火上烤炙。宋代炙茶并不是茶饮茶艺活动每次必行的常规步骤，只有使用陈年研膏茶饼时，才需先将茶饼在开水中浸渍，轻轻刮去茶饼表面的一两层膏油，然后用茶钤夹住，在微火上烤干，再进入碾茶的常规程序。但是随着宋代贡茶制度的飞速发展，求新争早日益成为茶饮茶艺活动中的时尚与品鉴茶叶的标准，在茶饮活动中绝大多数人再也不屑使用陈茶，因而处理陈茶的方法也逐渐不再被人们注意和提及。蔡襄以后，茶钤再也没有作为一项茶具进入人们的视野。

碾茶的第一步骤是将茶饼敲碎。宋人的碎茶用具为砧椎，一块砧板，一只击椎，砧的制作材料一般用木。椎一般用金属材料，取用标准是使用方便，《茶录》下篇"砧椎"："砧以木为之，椎或金或铁，取于便用。"[1]而研膏贡茶因为由极细茶粉做成，反复的研磨当使其胶质物等充分出表，所制成茶饼相当紧固，碎茶时，用力轻敲不碎，用力重虽然能敲碎茶饼，但碎块极易飞迸，因而板形砧不适用，而要使用专门的桶形砧，且辅以小錾，以椎敲击錾，使茶饼碎而不飞

---

[1] 《茶录》"砧椎"，《中国古代茶书集成》，第102页。

进。此款砧椎见于审安老人《茶具图赞》，称为"木待制"，
大德寺《罗汉图》中亦可见其实用场景（见图5-4、图5-5）。

图5-4　宋代碎茶砧椎，　图5-5　大德寺《五百罗汉图》局部
欣赏编本《茶
具图赞·木待
制》

　　碾茶的第二步也是其核心程序是碾。宋代碾茶具主要有
三种：茶碾、茶磨和辅助用具棕帚。

　　茶碾唐宋皆有。但因点茶对茶末的要求非常高，所以宋
人对碾茶的用具要求也很高，要求器物的质地不能影响茶的
色泽与气味。如蔡襄《茶录》下篇"茶碾"要求："茶碾以
银或铁为之。黄金性柔，铜及鍮石皆能生鉎，不入用。"[1]徽

---

① 《茶录》"茶碾"，《中国古代茶书集成》，第102页。鍮（tōu）石：一指天
　　然的黄铜矿或自然铜，一指铜与炉甘石（菱锌矿）共炼而成的黄铜。[三国
　　魏]锺会《刍荛论》："鍮石像金。"鉎（shēng）：金属所生的锈。

宗不仅论及碾的质地不能损害茶色，而且对碾的制式也有要求，其《大观茶论·罗碾》："碾以银为上，熟铁次之。生铁者，非淘炼槌磨所成，间有黑屑藏于隙穴，害茶之色尤甚。凡碾为制，槽欲深而峻，轮欲锐而薄。槽深而峻，则底有准而茶常聚；轮锐而薄，则运边中而槽不戛。……碾必力而速，不欲久，恐铁之害色。"[1]（见图5-6、图5-7）

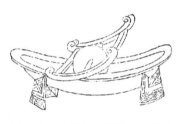

图5-6 宋代金属茶碾，欣赏编本《茶具图赞·金法曹》

图5-7 宋代铁茶碾

　茶磨一般都由石制成，石磨一般都不会有害于茶色，从物性上说它更接近于自然。苏轼在《次韵董夷仲茶磨》赞曰："计尽功极至于磨，信哉智者能创物。"[2]事实上，茶艺活动中所有各种茶具都随着人们对茶叶和器物的质地与功用认识的变化与提高及茶叶生产制造方法的变化而不断改进、完善和变化。图5-8和图5-9所示为宋代石茶磨。

---

① 《大观茶论》"罗碾"，《中国古代茶书集成》，第125-126页。
② 《全宋诗》卷八三〇，第14册，第9600页。

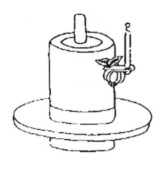

图5-8 宋代茶磨，欣赏编本
《茶具图赞·石转运》

图5-9 宋代石茶磨

宋代在实际生活中使用的碾茶用具里，还有一种自唐五代以来民间就一直使用的茶臼，不见于宋代茶书而只见于诗词中，如马子严《朝中措》："蒲团宴坐，轻敲茶臼，细扑炉熏。"[1]唐五代及宋元传世的实物中也有茶臼（见图5-10～图5-13）。

图5-10 长沙窑青釉刻莲花纹擂
钵（现藏湖南省博物馆）

图5-11 五代定窑白釉瓷茶臼
（现藏中国国家博物馆）

---

① 《全宋词》，第三册，第2069页。

图5-12　宋元景德镇窑瓷茶臼

图5-13　宋代瓷茶杵臼

棕帚是碾茶的辅助用具，用来清扫被碾磨开的茶末并归拢到碾或磨的中心，便于继续碾磨（见图5-14）。从大德寺《五百罗汉图》来看，茶帚也有用竹枝等材料者（见图5-15）。

图5-14　宋代棕帚，欣赏编本《茶具图赞·宗从事》

图5-15　大德寺《五百罗汉图》局部

从元代开始，点试末茶的茶叶品饮方式逐渐被人们放弃，从明代全面开始使用全新的瀹茶法，叶茶成为茶饮所用茶的主要形态，碾茶用具也不再被人们看作是茶艺的用具。在明代，醉心于茶事茶艺的官宦、文人士大夫中，除了"取

147

烹茶之法，末茶之具，崇新改易，自成一家"的臞仙朱权[1]
混用煎茶、点茶用具，在其所用茶具中仍对茶碾、茶磨兼收
并蓄之外，碾茶用具几乎不再见诸于明人的其他茶叶著述，
碾与磨从茶具系列中销声匿迹。

三、罗茶用具

茶被碾成末状之后，需过罗筛匀，宋与唐一样均用罗。

《茶经》卷中"四之器"记唐代民间所用的罗"用巨竹
剖而屈之，以纱绢衣之"，对罗底"纱绢"的疏密并未做详细
说明和具体要求，但从《茶经》其他章节对茶末的描述中，
可从侧面看到唐人对茶罗的要求。《茶经·五之煮》在将茶
叶"候寒末之"后有注曰："末之上者，其屑如细米；末之下
者，其屑如菱角"，又《茶经·六之饮》："茶有九难，……七
曰末，……碧粉缥尘，非末也"，综而观之，唐人对茶末的
要求是既不可以太细，也不可以太粗，则罗底必介于不疏不
密之间。[2]而从法门寺地宫出土皇家所用鎏金银茶罗合来看，
其罗的部分亦如是（见图5-16）。

宋人对茶罗有明确而严格的要求，因为宋代点茶要求
茶末"入汤轻泛"，而"罗细则茶浮"，所以"茶罗以绝细
为佳"。为此，对用来作罗底的材料要求也很高，蔡襄认

---

① ［明］朱权：《茶谱·序》，《中国古代茶书集成》，第182页。
② 《茶经校注》，第36、47—48、59-60页。

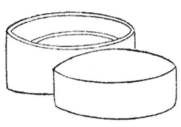

图5-16　唐代鎏金银茶罗合　　图5-17　宋代茶罗，欣赏编本《茶
　　　　　　　　　　　　　　　　　　具图赞·罗枢密》

为要"用蜀东川鹅溪画绢之密者，投汤中揉洗以羃之"①。
（图5-17）

　　在陆羽《茶经》卷中"四之器"中，茶罗与另外一种
器物"合"联在一起使用，"罗末以合盖贮之"，罗好的茶末
放在合中待用。法门寺茶具中非常豪华的鎏金银制罗合，与
《茶经》罗合为一器同。此外，在《茶经·九之略》中陆羽
讲道："……若援藟跻岩，引絙入洞，于山口炙而末之，或纸
包合贮，则碾、拂末等废"②，意指若去林泉山谷品茶，可以
事先将茶碾成末后，用纸包好，放在合里，带去直接使用。
唐长沙窑传世有不止一件题款"茶合"字样的瓷盒，可见其
在民间使用之多（见图5-18）。法门寺双狮纹菱弧形圈足贮
放茶末的银盒，则侈丽之极（见图5-19）。

---

① 《茶录》上篇"罗茶"、下篇"茶罗"，《中国古代茶书集成》，第101、102页。
② 《茶经校注》，第36、136页。

图5-18　唐长沙窑青釉褐彩"大　　图5-19　唐法门寺鎏金双狮纹
　　　　茶合"铭茶盒（现藏华　　　　　　　银盒
　　　　凌石渚博物馆）

宋代茶书中，并没有直接的文字表明宋人将陆羽《茶经》
中的"合"当作茶具之一种，但在实际生活中，"合"却为
人们所使用。南宋朱弁《曲洧旧闻》卷三记述："[范]蜀公
与温公同游嵩山，各携茶以行。温公以纸为贴，蜀公用小黑
木合子盛之。温公见之惊曰：'景仁乃有茶器也！'蜀公闻其
言，留合与寺僧而去。后来士大夫茶器精丽，极世间之工巧，
而心犹未厌。"①由此，也可将合看成是宋代罗茶的辅助用具。
贮茶末的茶合（盒）在宋代有木制者也有瓷制者，更有银制
者。虽然各种瓷、木、银盒多用于妆奁存放化妆品，但贮放
药与茶也是其常用的功能。何家村出土唐代金银器窖藏中有

---

① ［宋］朱弁:《曲洧旧闻》，孔凡礼点校，唐宋史料笔记丛刊《师友
　谈记、曲洧旧闻、西塘集、耆旧续闻》本，中华书局，2022年版，
　第115页。

贮放珍贵药物的银盒。宋代文献中多见赐银盒茶药的诏令，可见宋代银盒也常用于盛放茶。彭州窖藏金银器等出土金银器中，有多款银盒。图5-20～图5-24所示为宋代多款盒与罐。

图5-20　花瓣形漆木盒，江苏江阴市文林宋墓出土。

图5-21　圆筒形漆木罐，江苏无锡市南门兴竹村出土。

图5-22　唐代银盒（何家村窖藏）

图5-23　青釉圆盒，吕氏家族墓出土。

图5-24　宋代银盒

还值得一提的是，前文已经言及《咸淳临安志》《梦梁录》的记载：径山（寺僧）采谷雨前茶，用小缶贮之以馈人。这种小茶罐，江西等地窑址多有出土，但皆不被称为茶罐，日本茶道家传世的茶入以及新安沉船中的陶瓷小罐，让我们得见宋代小缶茶罐的不同样式（见图5-25～图5-27）。

图5-25　宋代江西洪塘窑小罐

图5-26　新安沉船小罐

图5-27　宋代七里窑酱釉柳斗罐

四、生火煮水用具

煮水用火，生火用炉，宋人只言及一种：茶灶，或曰茶炉，唐代生火用风炉的四种辅助性用具有灰承、（炭）筥、炭樋、火筴，宋人了无涉及。

和其他多种茶具一样，宋人对茶灶的形制、尺寸都没有明确的说明，但从宋人词语中常出现的"笔床茶灶"及"笔床茶灶仅可以叶舟载"[1]，"便起笔床茶灶兴，钓舟久矣阁前湾"[2]之类的诗文，以及宋代文物中有些关于茶炉的图像资料来看，宋代茶炉茶灶形制多样，尺寸不一。

一如南宋无款《春游晚归图》中，一僮仆担荷的春游行具中，一肩为一"食匮"，一肩为一燎炉，上置点茶用的长流汤瓶（见图5-28）。南宋虞公著夫妇合葬墓西墓备行图（原称为"备宴图"）中亦有出行荷担一挑，同样一肩为一"食匮"，一肩为燎炉，上置点茶用的长流汤瓶（见图5-29）。《续资治通鉴长编》真宗太平兴国三年四月记事中有言："辽国要官阴遣人至京师造茶笼、燎炉"[3]，燎炉与茶笼并言，当同为茶具，这是文献中的有关记载，可与实物互证。表明宋人，乃至接受中原文化影响的辽人，出行常备"燎炉—茶

---

① 见《闽中金石略》卷一〇《宋提举秘阁太常少卿退庵陈公墓志铭》。
② ［宋］刘克庄：《刘克庄集笺校》卷二〇《又和喜雨四首（之三）》，辛更儒笺校，中国古典文学基本丛书本，中华书局，2011年版，第1132页。
③ 《续资治通鉴长编》卷七十三，真宗太平兴国三年四月，第1669页。

图5-28　南宋佚名《春游晚归图》

图5-30　《文会图》局部

图5-29　南宋虞公著夫妇合葬墓
西墓备行图

图5-31　李公麟《商山九老图》局部

笼/食匮"。除了可以荷担而携行的燎炉茶炉外，图像中居常用于点茶的燎炉也多有见，如《文会图》《十八学士图》及《商山九老图》中点茶部分的煮汤瓶的燎炉等（见图5-30、图5-31）。

　　茶灶有砖砌、石砌者，深得宋代文人瞩目，成为闲雅适意生活的一种象征。而宋代文人对于自然山石中天然生成茶灶状的山石更是垂青，朱熹就曾为武夷第五曲茶灶石书题"茶灶"两个大字（见图5-32）。宋人有时亦称茶灶为茶炉，二者意指相同，只是不同的表述罢了，如方岳《望江南》词"茶灶借僧炉"[1]等。茶炉不只有砖、石砌者，亦有以竹编制者，张炎《踏莎行·咏汤》"竹炉汤暖火初红"[2]便是，意境更为清雅（见图5-33）。

图5-32　武夷五曲"茶灶"石，朱熹书

---

① ［宋］方岳：《望江南》，《全宋词》第四册，第2481页。
② ［宋］张炎：《踏莎行·咏汤》，《全宋词》第五册，第3508页。

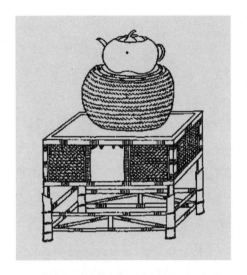

图5-33　明代茶书中的竹炉：苦节君

　　一般居家所用茶炉，可参见刘松年《撵茶图》中所绘之炉，以及多幅辽墓壁画中的炉。与汉代传舍炉形制的发展一脉相承，其炉中间有炉箅子以置炭烧火，炉身周边分布通风口，炉下设灰承（见图5-34～图5-36）。

　　盛水而煮的器物，宋代茶书中只有一种——汤瓶，实际使用的还有水铫（有以石、铜制者）、茶铛、茶鼎等多种。唐代，《茶经》中只有鍑一种，唐人诗文等文献与实物中还有铛、鼎、茶瓶、水铫等多种。意义深远的是唐代已有煮水或盛茶用的茶瓶，宋代称为汤瓶者。因为此前执壶多为温酒注酒器，作为茶具，最初定是与酒具共享，西安出土的太和三年唐王明哲墓（829）绿瓷茶瓶，瓶底墨书"老导家茶社

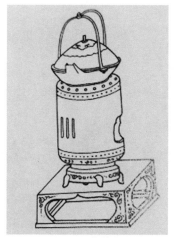 

图5-34　刘松年《撵茶图》局　图5-35　辽墓壁画
部——茶炉　　　　　　　中的茶炉

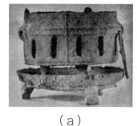 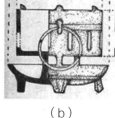 

（a）　　　　　（b）　　　　　（c）

图5-36　汉代传舍铁炉

瓶，七月一日买壹”[①]，表明执壶已明确作为茶具汤瓶出现。
传世“镇国茶瓶”又是一例实物（见图5-37、图5-38）。

---

① 参见孙机：《唐宋时代的茶具与酒具》，《中国历史博物馆馆刊》1982年第4
期；李知宴：《唐代瓷窑概况与唐瓷的分期》，《文物》1972年第3期。

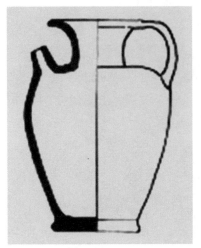 

图5-37　唐老导家茶社瓶，西安王　　　图5-38　唐代镇国茶瓶
　　　　明哲墓出土，底部墨书
　　　　"老导家茶社瓶，七月一日
　　　　买，壹"。

　　关于宋代的汤瓶，蔡襄与徽宗都对其质地与形制有较为明确的要求。蔡襄《茶录》下篇"汤瓶"条说："瓶要小者，易候汤，又点茶、注汤有准。黄金为上，人间以银、铁或瓷、石为之。"①徽宗《大观茶论·瓶》则对瓶的形制与注汤点茶的关系做了进一步的阐述："瓶宜金银，大小之制，惟所裁给。注汤利害，独瓶之口觜而已。觜之口差大而宛直，则注汤力紧而不散。觜之末欲圆小而峻削，则用汤有节而不滴

---

① 《中国古代茶书集成》，第102页。

沥。盖汤力紧则发速有节，不滴沥，则茶面不破。"[1]四川彭州金银器窖藏出土有莲盖银注子托碗，陕西蓝田吕氏家族墓出土有铁汤瓶，瓷汤瓶则传世甚多（见图5-39、图5-40）。

图5-39　南宋莲盖银注子托碗，四川彭州金银器窖藏出土。（现藏彭州市博物馆）

图5-40　铁汤瓶（陕西蓝田吕氏家族墓出土）

　　从现存的出土实物及绘画资料来看，宋代汤瓶大多是大腹小口，执与流都在瓶腹的肩部，流一般呈弓形或弧形，有较大角度的弯曲。

　　关于宋代汤瓶的尺寸大小，明人朱权《茶谱》中有关"茶瓶"的大小可作参考，因为朱权用的是"末茶之具"，亦即主要沿用宋代的茶具。朱权的茶瓶"以瓷石为之，通高

① 《中国古代茶书集成》，第126页。

五寸，腹高三寸，项长二寸，嘴长七寸"[1]，较之宋辽间出土
的器物，除流觜稍长外，但若与洛阳邙山宋墓壁画进茶图
中的汤瓶流觜相比其比例尺寸则差不多（见图5-41），其
余尺寸都差不多。如从安徽宿松北宋墓出土的影青刻花注
子注碗及河北三河市辽墓出土的白釉莲花托注壶的尺寸来
看，宋辽间的汤瓶尺寸一般通高17.7～20.2厘米，即五六
寸之间，腹径7.5～12厘米，壶注口径3～3.7厘米。传世
实物也有大尺寸的汤瓶/执壶，如日本东京国立博物馆所
藏的瓷汤瓶，通高28.3厘米，口径6.0厘米，底径6.2厘米
（见图5-42）。

图5-41　洛阳邙山宋墓　　图5-42　宋代瓷茶瓶（日本
　　　　进茶图（局部）　　　　　　东京国立博物馆藏）

---

① 《中国古代茶书集成》，第183页。

从实物及图像资料中可见，汤瓶还有一个附属用具——瓶托，但在宋人的文字中都未曾提及。宋代汤瓶的托都呈大口直身深碗形，其功用等同于唐代的交床，"以支鍑也"[①]，用来安放开水锅，以免烫伤人手，可以说是汤瓶的安全性辅助器物。从《宋代庖厨砖雕》画面及宋人要求瓶小使其易候汤的文字中可知，汤瓶是直接放在炉火上烧煮的，水烧好了，当人们手持汤瓶去注汤点茶时，用一瓶托托持更安全（见图5-43～图5-45）。

图5-43　北宋影青刻花注子注碗（现藏安徽省博物馆）

图5-44　辽代白釉莲花托注壶（现藏河北省文物研究所）

① 《茶经》卷中《四之器·交床》，见《茶经校注》，第35页。

图5-45　宋代庖厨砖雕（线描）（现藏中国历史博物馆）

　　陆游《试茶》诗云："银瓶铜碾俱官样"①，可见宋代宫廷及官府所用汤瓶与茶碾都是有规定形制的。

　　宋人烧水，不限于用瓶，在实际生活中使用的煮水用具尚有水铫、茶铛、石鼎（又称茶鼎）等多种。宋代水铫多用石制，至明清以后，人们多用锡、铁、铜制水铫。水铫是一种有柄有流的烧煮器，长期以来，人们用它来煎药温酒，如白居易《村居寄张殷衡》："药铫夜倾残酒暖。"②宋人以之烧水点茶，亦颇方便适意，正如苏轼《次韵周穜惠石铫》诗所赞，"铜腥铁涩不宜泉，爱此苍然深且宽。蟹眼翻波汤已作，龙头拒火柄犹寒"③。因铫的柄是直的，离火较远，水烧开了，

---

① 《全宋诗》卷二一五九，第39册，第24385页。
② 《全唐诗》卷四三七，第4385页。
③ 《全宋诗》卷八〇七，第14册，第9349页。

柄亦不烫手，可以直接拿用而不会被烫，使用更为安全方便。现代日本、韩国以及中国包括港台地区的茶道茶艺用具中亦常使用水铫形的茶壶，也为取其安全便利。侧把煮水壶已为潮州工夫茶的标配器具之一。

　　铫的形制与瓶差不多，注口小，有长流，无足，只是直柄不同于汤瓶弯曲的执，都可直接进行注汤点茶，不需其他辅助用具。并且水铫的形制也在变化之中，在唐代实物中发现的水铫，有柄有流，但无注口，而是有像镀与铛一般大的锅面。入宋以后，铫的形制变得更加多样化，柄既有在器肩腹侧的直柄，也有系于器肩的三系提梁，如四川德阳宋代银器窖藏中的银铫、定窑瓷铫等。刘松年《撵茶图》中的铫，锅面缩小成注口，加盖，此一形制也影响了后世铫的主流形态。

　　茶鼎的形制则与汤瓶水铫有着根本性的区别，一般的鼎，都是阔口、无流、无柄、无执而有足。这些特点都决定了茶鼎烧煮的水，不能直接就放在鼎中来注汤点茶，还需要另备器物辅助其完成注汤点茶工作。宋代辅助鼎的用具是取水用的勺或瓢，唐代陆羽《茶经》中只称瓢。大德寺《五百罗汉图》可见取水勺的形象（见图5-46）。

图5-46　大德寺《五百罗汉图》局部中的水勺形象

五、点饮用具

宋代点茶用具有两种：茶匙和茶筅。二者在时间上有一定的承接性，北宋后期以前用茶匙，后期尤其是徽宗《大观茶论》之后，便主要使用茶筅。有人以为茶匙是取茶用具，类于唐代的"则"，误；还有人以为茶匙和茶筅是点茶具的一物二名[①]，更误。

在法门寺唐代茶具中就有长柄与短柄匙勺两种，长柄的是用来搅拌茶汤的，短柄者则是用来取茶末的"则"。宋代还有专门的取茶荷（见图5-47）。蔡襄《茶录》中称为"匕"者，宣化辽张文藻墓中亦发现有漆匕。

图5-47　宋代羚羊角茶荷

而茶匙，既然言匙，必是匙勺状，且蔡襄《茶录》下篇《器论·茶匙》中明确地说："茶匙要重，击拂有力，黄金为上，人间以银、铁为之。竹者轻，建茶不取。"[②]梅尧臣

---

① 《中国唐宋茶道》，第185页。
② 《中国古代茶书集成》，第102页。

《次韵和永叔尝新茶杂言》："石缾煎汤银梗打，粟粒铺面人惊嗟"①中茶匙是主要用金属制的匙勺状点茶击拂用具，建安斗茶用金属制者，民间有用竹制茶匙的。

茶筅的形状则与茶匙根本不同，它的出现，是对点茶用具的根本性变革，因为《茶经》中的竹筴与实际使用的茶匙都只是单独的一条，茶筅形状类似于细长的竹刷子，《大观茶论·筅》："茶筅以筯竹老者为之，身欲厚重，筅欲疏劲，本欲壮而末必眇，当如剑脊之状。盖身厚重，则操之有力而易于运用。筅疏劲如剑脊，则击拂虽过而浮沫不生。"②筅刷部分是根粗梢细剖开的众多竹条，这种结构，可以在以前茶匙击拂茶汤的基础之上对茶汤进行梳弄，使点茶的进程更受点茶者控制，也使点茶效果更如点茶者的意愿。如刘过《好事近·咏茶筅》："谁斫碧琅玕，影撼半庭风月。尚有岁寒心在，留得数茎华发。龙孙戏弄碧波涛，随手清风发。滚到浪花深处，起一窝香雪。"③韩驹《陵阳集》卷三《谢人寄茶筅子》："立玉干云百尺高，晚年何事困铅刀。看君眉宇真龙种，犹解横身战雪涛。"④

李嵩《货郎图》货担上可见汤瓶、茶盏、盏托和茶筅（见图5-48），刘松年《撵茶图》《茗园赌市图》，大德寺

---

① 《全宋诗》卷二五九，第5册，第3262页。
② 《中国古代茶书集成》，第126页。
③ 《全宋词》第三册，第2151页。
④ 《全宋诗》卷一四四一，第25册，第16613页。

《五百罗汉图》中皆可见茶筅等茶具形象（见图5-49、图5-50）。日本福井县越前朝仓氏遗址出土有茶筅残件（日本战国时期），是中日茶文化交流的实物遗存，亦可资参考（见图5-51）。同时期宋辽金元壁画以及砖雕都可见使用茶筅的方式，即以大拇指、中指、食指为主，自上而下立式持筅，这种方式便于调膏、击拂、环绕拂动等"指绕腕旋"①手法的运用，合乎手持用具的合理性——用现代术语说，就是符合人体工程学（见图5-52）。

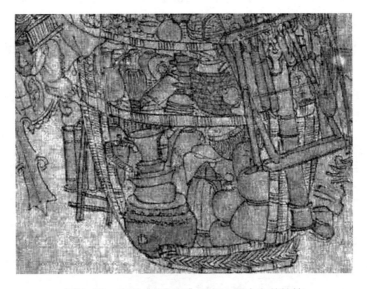

图5-48　李嵩《货郎图》局部，图中有茶筅等

---

① 《大观茶论》"点"，《中国古代茶书集成》，第126页。

图5-49　刘松年《撵茶图》局部——茶筅、茶巾

图5-50　大德寺《五百罗汉图》（局部）

图5-51　日本战国时期茶筅残件，日本福井县越前朝仓氏遗址出土

图5-52　山西汾阳东龙观宋金墓壁画局部——持筅点茶

　　宋代的饮用具与唐代一样，用盏（即碗）。此外，如陆羽不曾提及碗托一样，宋人的茶叶专门著述除审安老人《茶具图赞》外都不曾提及盏的辅助器物——盏托。

宋代点茶、斗茶用兔毫盏，并且认为舍此不能体现斗茶、点茶的效果。这是因为宋代茶色尚白，为了取得较大的反差以显示茶色，故以深色的茶盏为最好。自从蔡襄在其《茶录·器论·茶盏》中论述："茶色白，宜黑盏，建安所造者，绀黑，纹如兔毫，其坯微厚，熁之久热难冷，最为要用。出他处者，或薄，或色紫，皆不及也。其青白盏，斗试家自不用。"①竭力鼓吹建安造的绀黑色兔毫盏适宜点试建茶之后，兔毫盏成了宋代点茶、斗茶的必备器物，传沿至今，也成了宋代点茶茶艺的象征性茶具。

"盏"是一种较浅的小碗，建窑盏盏壁微厚，撇口或敞口，口以下收敛，瘦底小圈足，釉色以黑色为主，还有酱紫等色。兔毫盏则是盏内壁有玉白色毫发状的细密条纹，从盏口延伸至盏底，类似兔毛，故这种纹色的建盏被称为兔毫盏（见图5-53、图5-54）。

徽宗在《大观茶论·盏》中对兔毫盏的好处与功用，也做了与蔡襄相近的阐述，对兔毫盏大加推重。其表述进一步明确表明取用黑釉盏能映衬茶色："盏色贵青黑，玉毫条达者为上，取其焕发茶采色也。"②从此取用黑釉茶盏成为宋代点茶茶艺中的定式。由于蔡襄与徽宗的相继推重，兔毫盏深入人心，成为点试北苑茶必须首先取用的茶具。着力提倡北苑

---

① 《中国古代茶书集成》，第102页。
② 《中国古代茶书集成》，第126页。

图5-53　南宋建窑兔毫盏（现　　图5-54　宋代广元窑兔毫盏四川
　　　　　藏东京国立博物馆）　　　　　　　　成都出土（现藏成都市
　　　　　　　　　　　　　　　　　　　　　　博物馆）

茶和兔毫盏的蔡襄，也曾收藏兔毫盏，冀其成为众人宝藏的
名器，蔡绦记蔡襄藏有"茶瓯十，兔毫四散其中，凝然作双
蛱蝶状，熟视若舞动，每宝惜之"。①

　　兔毫盏主要出产于福建建阳水吉镇建窑，但并非如蔡
襄所说，其他地方的产品都不及建窑盏，如四川广元窑、江
西永和窑、陕西耀州窑等也大量出产兔毫盏，从传今的器
物来看，并不比建窑盏逊色多少。但由于建窑也承担烧制
供宫廷御用茶盏的任务，而其余窑口几乎都是民间性质的，
因此其他窑口在地位上差了一些。但建窑在宋代却不属于
官窑，与官窑产品全部为官府垄断不同，建窑进贡御用官
用器，属于"有命则贡，无命则止"的范畴。从水吉镇建

---

① 《铁围山丛谈》卷六，第102页。冯惠民、沈锡麟点校《铁围山丛谈》将此
　条点作"茶瓯十，兔毫四，散其中"，误，乃不知有所谓兔毫盏者。文渊阁
　四库全书本"舞"作"无"，别本或作"生"。

图5-55　建盏"进琖"款　　　　图5-56　建盏"供御"款

窑遗址出土盏底有"供御""进琖"等铭文的时间跨度纵贯
两宋来看，终两宋时代，建窑一直烧造贡品（见图5-55、
图5-56）。

　　据考古发掘及相关研究表明，建州黑釉窑初创于唐末
至五代时期，这与《记事珠》建安民间斗茶的风习时间相一
致。不过宋代点茶、斗茶也不全部都用兔毫盏，由于烧制瓷
器的温度等条件不同，有些黑釉盏釉面并未形成兔毫一般的
纹路，且因釉点下垂，在黑色釉面上布满带着金属光泽的银
灰色圆形斑点，大小不一，形成点点滴滴油滴状纹饰者，称
为"油滴盏"。还有些釉料在烧制过程中未熔融的部分形成
白褐色斑点，形似鹧鸪羽毛一样的花纹，即所谓的鹧鸪斑。
而玳瑁盏，则是在茶碗的黑色釉地上布满黄褐色斑点，宛如
玳瑁状斑纹者。这些不同窑变花纹的黑色釉盏都属于建窑系
列，明代曹昭著《格古要论》中称建窑盏为"乌泥建""黑

建"或"紫建"，说明的就是
这个问题。此外还有曜变碗，
即在黑釉的底色上，浮现出
金、银、碧、蓝色等多种斑点
的建窑盏（见图5-57）。

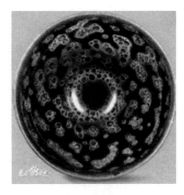

图5-57　曜变天目碗，现藏日本静嘉堂文库

此外，从今存实物来看，
还有大量的青瓷、白瓷、秘色
瓷茶碗与盏托，表明当时它
们被广泛使用（见图5-58 ～
图5-60）。

而同被唐人、宋人忽略的碗托、盏托，一般都由与碗、
盏同样质地的陶土烧制，形制、釉色、尺寸等与碗、盏极为
匹配。值得注意的是，传世或出土的宋代茶具，定窑、湖田
窑、耀州窑等诸大窑的茶盏都有与上述极为匹配的盏托，唯
独建窑兔毫盏、油滴大碗等没有。这种独特的现象，大概可
以有如下两种解释：一是建窑盏坯都较厚，直接端拿也不烫
手；二是兔毫盏之类的建盏用的不是同样材料所制的瓷质盏
托（见图5-61 ～图5-63），而是像《茶具图赞》中的"漆雕
秘阁"一样，用的是漆木盏托[①]。若是后一种原因，这种盏与
托异质的情况，在中国茶具史中殊为少见，因之在以陶瓷为

① 胡长春《我国古代茶叶贮藏技术考略》将漆雕秘阁举为宋代的第四种藏茶
　 器物，误。文见《农业考古》1994年第2期。

图5-58　宋代定窑花瓣口盏托
　　　　（现藏河北定州市博
　　　　物馆）

图5-59　宋代耀州窑雕花盏托
　　　　（现藏陕西历史博物馆）

图5-60　宋代湖田窑影青花口盏
　　　　托（现藏广东民间工艺博
　　　　物馆）

图5-61　宋代木质茶托，欣赏
　　　　编本《茶具图赞·漆雕
　　　　秘阁》

图5-62　南宋银茶托，四川彭州
　　　　金银器窖藏出土。（现
　　　　藏彭州市博物馆）

图5-63　南宋漆木盏托，江
　　　　苏常州市武进区村
　　　　前村南宋墓出土。

主的茶具大家庭中，吹进了一股清新特别之风。

六、清洁用具

　　唐代用于茶饮茶艺的清洁用具种类较多，有札、涤方、滓方、巾等多种，而宋代只有一种，《茶具图赞》称为司职方（见图5-64），是用布、帛、绢制的茶巾，用来抹拭、清洁茶饮茶艺活动过程中使用的诸般茶具，也是一种不可缺少的辅助性茶具。《撵茶图》中也可见茶巾使用的实际情景（见图5-49）。

图5-64　宋代茶巾，欣赏编本《茶具图赞·司职方》

七、宋代茶具的审美趣味

　　宋代点茶主要用具是建盏，有着极为独特的审美趣味与标准。建盏尚黑，虽然中国古代黑釉瓷器的生产历史悠久，最迟至东汉元光年间便有黑瓷实物，唐以前江浙地区东晋南朝墓葬多有出土，唐代北方诸窑也多兼烧黑瓷，但黑瓷器物器形多为壶、罐等储贮器物，像宋代这样在全国南北诸多窑址中均烧制日用的黑釉碗盏却是空前绝后的。

　　黑釉碗盏的大量出现，完全是由于宋代点茶与斗茶文化使然，宋代点茶、斗茶的茶色皆尚白，这在中国饮茶茶艺史中独一无二，而茶碗除了盛贮茶汤的实用功能外，还有对比、映衬茶色的审美功能。唐茶尚绿，《茶经》卷中"四之器"言茶碗以越州、岳州青瓷为上，以其"青则益茶"[1]；明以后茶色复以绿为上，茶碗则以饶州、宣窑、成窑等白瓷为上，次青瓷，以其"注茶则清白可爱"[2]。

宋茶尚白，青瓷、白瓷对茶色都缺乏映衬功能，只有深色的瓷碗才能做到，深色釉的瓷器品种有褐、黑、紫等多种。在水吉镇建窑遗址、四川广元窑址及江西永和窑址的发掘中，兔毫盏出土量都较大，这说明兔毫盏在两宋时期使用范围的广阔。从传到日本的宋代建盏天目盏来看，兔毫盏的数量较大（日本称为"禾天目"），福建打捞出来的出洋海船沉船里的货物中，兔毫盏亦属较多的一类，表明对外贸易中黑釉盏也是大宗。

曜变天目碗在日本很受重视，在中国传世及出土的数量也较少，玳瑁盏及鹧鸪斑纹黑釉盏传世及出土的数量也极少，而宋人诗文中对鹧鸪斑花纹黑釉盏多有称颂。如黄庭坚《满庭芳》："纤纤捧，冰瓷莹玉，金缕鹧鸪斑"[3]，管鉴《浣溪沙·寿程将》："茶瓯金缕鹧鸪斑"[4]，卢祖皋《画堂春》："茗瓯才试鹧鸪斑"[5]，等等。

---

① 参见《茶经校注》，第41–42页。
② ［明］朱权：《茶谱·茶瓯》，［明］许次纾：《茶疏·瓯注》，分见《中国古代茶书集成》，第183、261页。
③ 《全宋词》第一册，第401页。
④ 《全宋词》第三册，第1571页。
⑤ 《全宋词》第四册，第2406页。

不论兔毫还是玳瑁、鹧鸪斑，它们归根到底都只是一种窑变效果，对于宋代点茶茶艺来说，建窑等瓷窑所造的诸种纹饰的黑釉盏的基本感观功能，在于它的凝重深沉的底色对越白越好的茶汤在强烈的视觉反差中的对比衬托作用。

这种以强烈度的对比反差为核心的审美趣味，在中国古代审美文化领域显得过于独特，与宋代文人的基本审美格调也不甚合拍。中国古代一般讲究对称之美、中庸之美、和谐之美，对于在强烈矛盾冲突中形成、在高度反差对比中凸显的，在某种意义上可以称为壮美的风格，不甚推崇。从视觉艺术的角度来说，在陶瓷器物的色彩上，宋代以单色为主流，以不同程度的青、白色调为主，极尽清洁、简雅之能事，沉稳而宁静。从绘画风格的角度来说，宋代工笔画细腻柔和含蓄，写意小品也是如此，山水画更是讲究画面立意幽远、意境浑然和谐，在宋代的造型艺术作品中很少见到以反差和对比为基调的作品。

而黑釉茶碗在宋代点茶茶艺中的运用，却以反差和对比作为它的审美功能的起点，与宋代造型艺术品的审美基调相去甚远。在一碗小小的茶汤中，黑色的茶碗与白色的茶汤形成强烈而鲜明的反差和对比，截然相反的黑白两色在对比中相得益彰，甚至能产生一种动感之美，这在基本不崇尚黑色审美的中国古代，可以说相当独特。正因为此，在两宋时代，黑釉盏始终只是部分讲求茶艺的文人雅士的钟爱之物，但他们的这种钟爱之情并未对整个士大夫阶层的审美趣味产生改变性的影响，因为在更广泛的文人的作品中，他们对茶碗的赞赏目光，仍然聚焦在以青、白色泽为主的瓷器上，更趋向于如"碧玉瓯中翠涛起"等诗文词句所描写的境界。

从宋代茶具制造材料的质地来看，其崇尚富贵豪气以金银等质地材料造茶具的喜好与唐代一脉相承。周密《癸辛杂识》前集《长沙茶具》记："长沙茶具精妙甲天下，每副用白金三百或五百星，凡茶之具悉备，外则以大缨银合贮之。赵南仲丞相帅潭，以黄金千两为之。"[①]用三五百两白金或千两黄金打造一副茶具，不可不谓豪华。一般的金属茶具，因其精巧耐用，也为宋人所喜好。即使在偏僻遥远的雷州，制造的精美金属茶具也不亚于茶文化高度发达的建宁地区，周去非《岭外代答》卷六《茶具》："雷州铁工甚巧，制茶碾、茶瓯、汤匦之属，皆若铸就……比之建宁所出，不能相上下也。"[②]更多的情况下，一套茶具大抵由多种质地材料制成，除了对于碾、茶匙、汤瓶等器物，人们从不损茶味的角度出发，要求用金银铜铁等耐久金属质料外，其余茶具大抵用竹、石、木、陶瓷等与茶叶极具亲和性的质料，这也表明了宋代茶具更趋向自然化的一面，这一趋向为明代陶瓷茶壶所

---

① ［宋］周密：《癸辛杂识》前集《长沙茶具》，中华书局，1988年版，第42页。
② ［宋］周去非：《岭外代答》卷六《茶具》，中华书局，1999年版，第203页。

继承，而且将自然化的一面与审美的趣味结合得更好。

总而言之，宋代茶具注重其对茶叶的映衬功用，注重茶具与茶叶之间的亲和性，在茶碗的色调上别具一格，有着相当独特的审美趣味。

八、宋代末茶点饮用具不传之原因探究

宋代末茶点饮用具独具特色，然而却未能流传至今。最首要与直接的原因：由于明太祖朱元璋诏令罢贡饼茶，末茶作为茶饮茶艺消费的主导茶叶形态，历史性地消失，作为为其服务所用的末茶点饮用具也随之失去了服务的对象，渐渐从茶具系列中销匿了身迹。

不过，末茶点饮用具自身的一些局限性也是其消亡的内在原因。

不同历史时期、不同流派的茶饮茶艺风格方式各异，在其所使用的种类众多、品种繁复的茶具系列中，必然有一两种茶具成为其代表性的主导器具。从宋代末茶点茶茶艺的重心来看，茶盏、汤瓶和茶筅可视作具有代表性的主导器具，其余一些器物，如茶碾、石磨、竹罗之类，虽然很有特色，但它们都是服务性用具，因而不能视为末茶用具的代表性器物。

兔毫盏等黑褐色建盏是末茶茶艺最具代表性的主导器具，具有特别的审美价值。但是，正如前文所论列的那样，虽然兔毫盏在宋代末茶点饮中被常规性大量使用，却由于其审美趣味与宋代文人的基本审美格调相去太远，有些兔毫盏

底足无釉露胎，对中国古代文人来说太过于朴拙而精美不足，因而兔毫盏极少被文人们关注和称赞，更几乎没有得到文人们的青睐与收藏，虽然有名士如蔡襄者曾经收藏了十多枚兔毫盏，但这种收藏似乎并未激起其他文人们对兔毫盏的收藏兴趣，文人们对陶瓷碗具收藏的目光焦点仍然集中在以汝窑、官窑等以青色为主调的秘色瓷器上，以至于始终两宋时代，兔毫盏都未能成为人们注重与收藏目光所及的名器。

汤瓶在成为名器方面存在两个问题，一是汤瓶甚至在当时就不是茶艺的专门用具，它同时又可作为温酒注酒的器具，故而在现当代多种考古报告及文物出版物中，同一种器物有时称为汤瓶，有时称为注壶，前者用于茶艺而后者用于饮酒。二是汤瓶的制作材料不统一。如《茶录》下篇《汤瓶》所言："黄金为上，人间以银、铁或瓷、石为之"[1]，使得汤瓶自身缺乏一定的稳定性。这两种混用的情况使得汤瓶这一具有代表性的宋代茶艺主导用具，也不可能成为名器，而得以流传。

茶筅自身具有易消耗性，加之材料和制作工艺的价值含量都不高，这些都使其无法成为名器。

主导茶具成为名器，对某种茶饮茶艺方式稳定的传承起着相当重要的保证作用，这一点从日本茶道和中国明代瀹泡叶茶法中都可以得到证明。日本茶道于十六世纪中最终定型之前的两三百年中，从中国的建窑诸款黑釉盏到高丽、日本

---

[1] 《中国古代茶书集成》，第102页。

的多种茶碗，都已经成了日本茶道茶艺中的名器重宝，对这些器物审美与价值的看重，使日本在与明代文化、物质交流中并未被后者影响而看重紫砂茶壶、瓷杯等器物，新的叶茶瀹泡法也未对日本茶道茶艺有影响。时至今日，日本仍然维持着以末茶为茶叶消费主导形态的抹茶道。而在中国明代，由于紫砂陶茶壶及宣窑、成窑的瓷杯迅速成为文人士大夫们竞相珍爱与收藏的名贵器物，以壶、杯为主导茶具的叶茶瀹泡法，最终成为中国此后至今的主导茶饮茶艺方式。明末清初影响传至日本，形成日本的煎茶道。

宋代兔毫盏因其在审美趣味上的独特性，致使其无法跻身于名瓷名具的行列，最终与末茶点饮法相偕而亡。

以兔毫盏为代表的建盏，在当今中国乃至日本再度受到重视，则是因了宋代茶文化、宋代审美文化、宋代生活文化等再度进入人们视野的机缘，展现出经典器物所具有的穿透时空的生命力和永恒的魅力。

第六章

贵从活火发新泉

宗從事

在传统中华文化中，对于水的辨识与利用，早在先秦时期就达到了相当的高度。春秋时齐桓公有宠臣易牙善逢迎，长于调味，后多以指善烹调者。易牙善于辨水，当时桓公不信，"数试皆验"，多次测试，易牙都成功辨识，从此千古知名。《吕氏春秋》卷十八记曰："白公曰：若以水投水，奚若？孔子曰：淄渑之合者，易牙尝而知之。（淄、渑，齐之两水名也。易牙，齐桓公识味臣也，能别淄渑之味也。）"[①]

水也是易牙调味的主要物品之一，这一传统在饮食之"饮"的茶饮中得到传承。如秦观《次韵谢李安上惠茶》诗曰："辨水时能效易牙。"[②]

一、选水

陆羽在《茶经》中首次论述煮茶之水，"山水上，江水次，井水下"[③]，而煮茶时，一沸水尚不够熟，三沸水已老，二沸之水正合用。

唐人自张又新《煎茶水记》记陆羽品第天下诸水，言水必称中泠、谷帘、惠山，但最为人们喜爱和取用者似为惠山泉，以致有李德裕置水递千里运惠山泉以煮茶的故事。北宋

---

① [秦]吕不韦：《吕氏春秋》卷十八《审应览第六》"重言"，见《吕氏春秋集释》，中华书局，2009年版，第483页。按：宋以前诸书皆记此言为孔子所言，而宋赵彦卫《云麓漫抄》言其为列子所言，此后多家书有沿用此说者，而以清赵廷灿《续茶经》为最著名，今所引用多为二赵之书。

② 《全宋诗》卷一〇六〇，第18册，第12109页。

③ 《茶经校注》，第48页。

王谠《唐语林》卷七记:"李卫公性简俭,不好声妓,往往经旬不饮酒,但好奇功名。在中书不饮京城水,茶汤悉用常州惠山泉,时谓之水递。"[①]南宋朱胜非《绀珠集》卷十《水递》:"李德裕取惠山泉,自京至常州置递,号为水递。"[②]人们之所以喜爱第二泉惠山泉,除了其水质好外,还在于其易于取得。相较而言,在不同的排行榜中位列第一的中泠、谷帘则较难得到。中泠在长江水中,得在一定时辰泉眼开张时以特定的方法才能取到水,谷帘则在庐山深处,人不易至而难以取水。

惠山泉之发掘,始于唐僧若冰,其自有《题慧山泉》诗:"石脉绽寒光,松根喷晓凉。注瓶云母滑,漱齿茯苓香。野客偷煎茗,山僧借净床。安禅何所问,孤月在中央。"[③]经茶圣陆羽品题为天下第二,明初成书的《无锡县志》卷三下记:"故世称第二泉,以鸿渐所品故又名陆子泉。"[④]皮日休等人亦写有咏惠山泉之诗作(见图6-1)。

宋人虽然有叶清臣《述煮茶泉品》、欧阳修《大明水记》《浮槎山水记》之类文章论述了宜茶之水,但似乎总体

---

① [宋]王谠:《唐语林》,《全宋笔记》第三编第二册,第241页。
② [宋]朱胜非:《绀珠集》卷十《水递》,文渊阁四库全书本。
③ 《永乐大典·常州府》清抄本校注》常州府十四《文章》,王继宗校注,中华书局,2016年版,第910页。按前书所录无诗题,《全唐诗》卷八五〇所录题为"题慧山泉",第9627页。按:"惜净床"《全唐诗》录为"借净床"。又,《全唐诗》卷五〇六(第5751页)录为章孝标(元和十四年进士登第)所作《方山寺松下泉》。
④ 《无锡县志》卷三下,文渊阁四库全书本。

图6-1　天下第二泉——惠山泉　　图6-2　蔡襄《即惠山煮茶》帖

上仍然延续了对惠山泉的喜爱。蔡襄虽然只在《茶录》"味"一节中说："又有水泉不甘，能损茶味，前世之论水品者以此"①，其外并未明确言及点茶选水之事，但在其实际的泉茶生活中，对惠山泉水却情有独钟，写有《即惠山煮茶》诗记其在惠山以惠山泉煮茶，深表喜爱："此泉何以珍，适与真茶遇。在物两称绝，于予独得趣。鲜香筋下云，甘滑杯中露。尝能变俗骨，岂特湔尘虑。昼静清风生，飘萧入庭树，中含古人意，来者庶宾悟。"②（见图6-2）欧阳修《归田录》记其

① 《中国古代茶书集成》，第101页。
② 《全宋诗》卷三八七，第7册，第4767页。"筋"字，《全宋诗》录作"筹"，今据《蔡襄集》卷三（上海古籍出版社，1996年版，第40页）改。

在请蔡襄书《集古录目序》所赠润笔众物中即有惠山泉一项："蔡君谟既为余书《集古录目序》刻石，其字尤精劲，为世所珍。余以鼠须栗尾笔、铜绿笔格、大小龙茶、惠山泉等物为润笔，君谟大笑，以为太清而不俗。"[①]苏轼写有《焦千之求惠山泉诗》《寄伯强知县求惠山泉》，黄庭坚有《谢黄从善司业寄惠山泉》诗，等等，可见宋代爱惠山泉者之众。

除惠山名泉外，茶人们则更注重水泉之新及与茶相宜者。蔡襄途经武阳，思"绠泉煮茗"，却发现大家都在用可能会被生活反复浸染的水，于是专门发现并淘新一泉水，并作《新泉记》以记其事，可见对煮茗之水的重视。当然，论水泉之最要者，是与茶之相宜。蔡襄在《游径山记》中记道："松下石泓，激泉成沸，甘白可爱，即之煮茶。凡茶出北苑第品之无上者最难其水，而此宜之"[②]，举天下最好之茶北苑茶为例，最难得的就是有相宜之水。直至徽宗《大观茶论》，宋人点茶用水，一般不苛求名声，但论以水质，以"清轻甘洁为美"[③]，要以就近方便取用，首取"山泉之清洁者，其次则井水之常汲者为可用"，苏轼《汲江煎茶》"活水还须活火烹"[④]则认为只要是清洁流动的"活水"即可，唐庚

---

① ［宋］欧阳修：《归田录》卷二，李伟国点校，中华书局，1981年版，第27页。
② 《新泉记》《游径山记》，《蔡襄集》卷二八，上海古籍出版社，1996年版，第484、485页。
③ 《中国古代茶书集成》，第126页。
④ 《全宋诗》卷八二六，第14册，第9567页。

《斗茶记》则明言：“水不问江井，要之贵活。”①

而自汲活水，也成为宋代文人茶生活的一景，所作相关诗文也得到评论者的好评，如杨万里《诗话》论苏轼《汲江煎茶》诗句：

> 东坡《煎茶》诗云：“活水还将活火烹，自临钓石汲深清”，第二句七字而具五意。水清，一也；深处取清者，二也；石下之水非有泥土，三也；石乃钓石，非寻常之石，四也；东坡自汲，非遣卒奴，五也。“大瓢贮月归春瓮，小杓分江入夜瓶”，其状水之清美极矣。“分江”二字，此尤难下。“雪乳已翻煎处脚，松风仍作泻时声”，此倒语也。尤为诗家妙法。②

杨万里从诗词创作赏析的角度认为苏轼《汲江煎茶》诗的写作手法为“诗家妙法”，殊不知其内容更是“茶家妙法”。

在徽宗亲撰茶书之后，上有所好，下必甚焉，关于选水的情况有了本质的变化。至迟在政和初年，地方开始进贡惠山泉水。

《九朝编年备要》卷二十八记徽宗于“政和二年（1112）夏四月燕蔡京内苑”，其间“以惠山泉、建溪异毫命烹新贡

---

① 《中国古代茶书集成》，第122页。
② ［宋］杨万里撰，辛更儒笺校：《杨万里集笺校》卷一一四，中华书局，2007年版，第4355页。

太平佳瑞茶饮之"①，用惠山泉、建窑兔毫盏烹点当年新贡的
太平佳瑞茶，皆为一时之选。蔡京为撰《太清楼侍宴记》以
记其所得宠幸之盛。（其后于宣和元年九月、宣和二年十二
月，徽宗又宴蔡京等宰执大臣于保和殿、延福宫，蔡京撰
《保和殿曲宴记》《延福宫曲宴记》，记赴宴游御苑途中，皆
有赐茶，徽宗本人技痒难耐，亲手注汤击拂，两度亲自点茶
赐诸大臣，"乳花盈面""乳浮醆面"②，蔡京之记，重点皆在
徽宗亲手点茶，效果皆佳，未及何具何茶何水。）

　　惠山泉入贡后更得宋人好评，《墨庄漫录》卷三记："无
锡惠山泉水久留不败。政和甲午岁，赵霆始贡水于上方，月
进百樽。先是以十二樽为水式，泥印置泉亭，每贡发以之为
则。靖康丙午罢贡。至是开之，水味不变，与他水异也。"③

　　由于惠山泉都致自于远地，对于变味或杂味的惠山泉
水，宋人亦非弃之了事，而是以适当的方法拆洗，使之味道
如新。周辉《清波杂志》卷四："辉家惠山泉、石皆为几案
物。亲旧东来，数问松竹平安信，且时致陆子泉，茗碗殊不
落莫然。顷岁亦可致于汴都，但未免瓶盎气，用细沙淋过，

---

① ［宋］陈均：《皇朝编年纲目备要》卷二八，中国史学基本典籍丛刊，中华
　　书局，2006年版，第1132页。
② 《全宋文》卷二三六三，第一〇九册，第170页。《挥麈录》卷上记文字
　　相同。
③ ［宋］张邦基：《墨庄漫录》卷三"惠山泉水久留不败"，孔凡礼点校，中华
　　书局，2002年版，第93页。

则如新汲时，号拆洗惠山泉。"① 此处所言陆子泉即惠山泉。拆洗惠山泉看来很是风行，朱熹在人求学问道时即曾以此事为例，《朱子语类》记曰："因言旧时人尝装惠山泉去京师，或时臭了，京师人会洗水：将沙石在筧中上面，倾水从筧中下去，如此十数番，便渐如故。或问下愚亦可以澄治否？"②

在特定的场合，水之于点试茶汤结果的重要性也不可忽视，江休复《江邻几杂志》记蔡襄尝与苏舜元斗茶，蔡茶优，用惠山泉水，苏茶劣，用竹沥水，结果是苏舜元的茶汤因水好而取胜。蔡襄自己有诗《昼寝宴坐轩忆与苏才翁会别》记录与苏舜元一起饮茶之事："解与尘心消百事，更开新焙煮灵芽。"③ 宋代竹沥水以天台山所产者最为著名，周辉《清波杂志》卷四记："天台山竹沥水，断竹梢屈而取之盈瓮。若杂以他水，则亟败。"④ 按，宋人并未辨别为何种竹沥水。清人沈自南《艺林汇考·饮食篇》卷七对之做了辨析："《五杂俎》：苏才翁与蔡君谟斗茶，蔡用惠山泉水，苏茶稍劣改用竹沥水煎，遂能取胜。然竹沥水岂能胜惠泉乎？竹沥水出天台，云彼人盈瓮，则竹露，非竹沥也。若医家火逼取沥，断不宜茶矣。"即竹沥水实有两指，一是指竹汁，医家通过火烤逼之

---

① 《清波杂志校注》卷四"拆洗惠山泉"，第156页。
② 见《朱子语类》卷九十五，上海古籍出版社，2010年版，第6册，第2428页。
③ 《全宋诗》卷三八九，第7册，第4798页。
④ 《清波杂志校注》卷四"拆洗惠山泉"，第156页。

而出的竹子内部所含之汁水，在唐王焘《外台秘要方》即已是一味中药；二是竹露，沈自南将周辉的记述稍微改动了几个字，"断竹梢屈而取之"改为"将竹少屈而取之"，取提竹梢头上的露水，是为竹露而非竹沥。[①]

最为有趣的是，清人赵廷灿《续茶经》卷下之一，既全段引录周辉《清波杂志》卷四记惠山泉而及竹沥水的内容，又在其相距二十余条之后列一条节引沈自南的文字云："苏才翁斗茶用天台竹沥水，乃竹露，非竹沥也。若今医家用火逼竹取沥，断不宜茶矣。"[②]

二、炭火煮水

煮茶点茶皆需开水，烧火所用的柴炭等燃料的材质、状态，都会影响所烧之水的品质。

陆羽《茶经》卷下"五之煮"首启煮茶用柴炭之论："其火用炭，次用劲薪。（谓桑、槐、桐、枥之类也。）其炭，曾经燔炙，为膻腻所及，及膏木、败器不用之。（膏木为柏、桂、桧也。败器，谓朽废器也。）古人有劳薪之味，信哉。"[③]烧火首选为炭，其次为强劲有力的柴火。而本身含有油脂的树木、烧煮过食物被膻腻侵染过的炭火，以及腐朽、破旧器物的木材，都不能用，否则都会败坏所烧水之味。

---

① ［清］沈自南：《艺林汇考·饮食篇》卷七，文渊阁四库全书本。
② 《中国古代茶书集成》，第689页。
③ 《茶经校注》，第48页。

温庭筠《采茶录》"辨"记唐人李约，贵胄汧国公李勉之子，"一生不近粉黛，雅度简远，有山林之致。性辨茶，能自煎"，"曾奉使行至陕州硖石县东，爱其渠水清流，旬日忘发"。在煮茶实践中得出自己的炭火经验："茶须缓火炙，活火煎，活火谓炭之有焰者。当使汤无妄沸，庶可养茶。"①

据陶谷《清异录》所引，唐末五代时人苏廙在其所撰《仙芽传》第九卷载"作汤十六法"，陶谷引为"十六汤"，后人又有单引为"十六汤品"者。其中，"以薪论者共五品，自第十二至十六"：

第十二，法律汤。

凡木可以煮汤，不独炭也。惟沃茶之汤，非炭不可。在茶家亦有法律：水忌停，薪忌熏。犯律逾法，汤乖，则茶殆矣。

第十三，一面汤。

或柴中之麸火，或焚馀之虚炭，木体虽尽而性且浮，性浮则汤有终嫩之嫌。炭则不然，实汤之友。

第十四，宵人汤。

茶本灵草，触之则败。粪火虽热，恶性未尽。作汤泛茶，减耗香味。

第十五，贼汤（一名贱汤）。

竹筱树稍，风日干之，燃鼎附瓶，颇甚快意。然体性虚

---

① 《中国古代茶书集成》，第78页。

薄，无中和之气，为汤之残贼也。

第十六，魔汤。

调茶在汤之淑慝，而汤最恶烟。燃柴一枝，浓烟蔽室，又安有汤耶？苟用此汤，又安有茶耶？所以为大魔。[1]

苏廙，一作苏虞，事迹无考。此书为陶谷《清异录》引录，目前诸家茶书类集，皆以此书为唐人作。陶谷是五代至宋初人，则此书当写在唐至五代间。南宋陈振孙《直斋书录解题》卷十一评论《清异录》"语不类国初人，盖假托也"[2]，然明人胡应麟《少室山房笔丛》正集卷十六则对非陶谷作说做出辩论："或以文不类宋初者，恐未然，此书命名造语皆颇入工，恐非谷不能。"[3]两存其论。况且即使此书为伪托，亦为北宋时人所撰，其中所录故事，宋时已经有人征引。所以，《十六汤品》所论可视为五代至北宋初人之论。

苏廙认为不是只有炭才能烧煮茶水，但是有原则有规可循："在茶家亦有法律：水忌停，薪忌熏。犯律逾法，汤乖，则茶殆矣。"而综合其各种词藻，归根结底，是说麦麸、焚烧殆尽的虚炭、竹筱树稍之类体性虚薄、火力不强的材质，烧出的水力道不足，于茶不利；粪火虽火力足，但其有味的恶性，终将减耗香味；而对茶最有损害的柴火是会产生浓烟

---

① 《中国古代茶书集成》，第66页。

② ［宋］陈振孙：《直斋书录解题》卷十一，上海古籍出版社，1987年版，第340页。

③ ［明］胡应麟：《少室山房笔丛》正集卷十六，文渊阁四库全书本。

的，烧成的水用于饮茶，则茶废矣。

宋人的饮茶实践中，关于火候，实以苏轼的诗词之句最简洁贴切，如前引《试院煎茶》"贵从活火发新泉"，《记梦回文二首（并叙）》之二："红焙浅瓯新活火"，又如《汲江煎茶》"活水仍将活火烹"，苏轼于此句下注："唐人云茶须缓火炙，活火煎。"[①]陆游也多有诗句言及活火，如《夏初湖村杂题》"活火闲煎橄榄茶"[②]等。活火新泉，成为宋人的当时典故，表明它已经成为人们常识性的认知。

---

① 分见《全宋诗》卷七九一，第14册，第9160页；卷八〇四，第14册，第9315页；卷八二六，第14册，第9567页。
② 《全宋诗》卷二二〇四，第40册，第25205页。

第七章

宋人点饮茶情境

文 寶 陶

宋人饮茶，一般有三种场景：一是居家日常饮茶，二是在茶坊茶肆、游乐场所等营业或公共场所饮茶，三是文人士夫的雅集饮茶。当然也有善心人士及寺院等设立的茶亭、施茶处等饮茶处所，但皆为非常状态，因而并不论述。

一、日常居家饮茶

宋代开始有了"柴米油盐酱醋茶"的说法，点茶而饮，表明居常饮茶是宋代全社会的一种日常生活，因为日常，宋人大多习而不述，相关文字记载不多。考古发掘出土的宋代壁画墓现存有多幅与茶有关的壁画，一般表现墓主人生时的生活场景，可视为展现了当时人家居家点饮茶的场景，它们或反映了宋代茶具、点茶过程，或反映了当时社会日常生活的饮茶习俗。

宋墓中的茶图形式一般分成两类，一是壁画，二是砖雕和石棺线刻图；内容也分为两类，一是墓主人单独或墓主夫妇对座饮茶，二是侍仆备茶或进茶。

（1）宋人宴乐图（即河南白沙宋墓主人夫妇图）。

河南白沙宋哲宗元符元年（1098）墓，前室两壁半浮雕壁画。主人夫妇对坐，中间桌上摆设着注子（带托汤瓶）及茶盏，注子盖为兽形，盏与盏托均以莲瓣为饰，后有四人捧果盘侍候。（见图7-1）

宋墓出土的此类墓主夫妇对坐宴饮的图景较多，考古界有将之定名为"开芳宴"者。而究其所饮者，当多为茶，也

图7-1　河南禹县白沙宋墓夫妇对坐宴饮图

或有酒。

　　据宿白先生考证，白沙宋墓的墓主人是没有出身的一般地主①，所以这类没有墓碑或墓志铭的宋墓宴饮图画面，应当是反映了民间一般富足之家的居常饮茶生活场景。

　　（2）洛阳邙山宋墓备茶进茶图。

　　此墓于1992年发现于洛阳邙山，据考古报告研究，此墓当营建于北宋末年，徽宗崇宁二年（1103）前后，墓主为一女性，随葬品比较丰厚，因无石志可见为无品之人，但随葬品中银葵花盘有"行宫公用"铭文，可见墓主约为社会中层人士。

　　此墓在结构及装饰上采用对称格局，墓室东西两壁对设耳室。东耳室壁画分绘于北（后）、东、南三壁，画面内容

---

①　宿白：《白沙宋墓》，文物出版社，1957年版，第83页。

为备茶进茶。

东耳室"后壁中部绘一长方桌，曲腿，桌黑色。桌右一女侍，……双手托一圈盒置于胸前，身左侧而立。桌后两女子，右侧一人……身前倾，双手持一双耳器皿作斟注状，身前案上置一盏托。北侧一人……头略右侧，双手扶一置于案上的盏托。桌上置注子、盖罐、盏托、鼎、方瓶等。"为备茶图。"南壁正中绘一灶，灶身一侧有一椭圆形火口，灶下部有覆盘形曲腿座架，灶上置一注子。灶西侧一女侍，身右侧，略躬身而立，右手持蒲扇作煽火状。灶东侧一女子……身略左侧，笼手，回首而立。"为烧水图。"北壁绘二女侍。东侧一人……身略左侧，双手托一注子而立。西侧一人……双手捧托盘，内置二盏托，头右侧而立。此人西侧有墨题行书'云会'二字。"①为进茶图。（见图7-2、图7-3）

图7-2 河南洛阳邙山宋墓备茶图　图7-3 河南洛阳邙山宋墓进茶图

---

① 洛阳市第二文物工作队：《洛阳邙山宋代壁画墓》，《文物》1992年第12期。

（3）洛宁乐重进画像石棺进茶图。

石棺成于政和七年（1117），1992年2月在河南洛宁县大宋村北坡出土，墓主人为"大宋□国西京河南府永宁县招化乡大宋村大宋保"人。石棺盖及四面有单线阴刻画像多幅。石棺的前挡中间为乐重进观赏散乐图，其左面为进茶图，右面为进酒图。进茶图画面左侧的屏风前，中有一桌，桌后左右各立一侍女，左侍女梳鬟髻，一手拿茶托，一手端茶盏，右侍女戴冠子，双手端盘。桌上放二高足杯，一台盏，一果盘。桌前右面一侍女弯腰而立，双手扶碾轮在茶碾中碾茶（见图7-4），表现了北宋乡村大户人家饮茶饮酒观乐的生活场景。

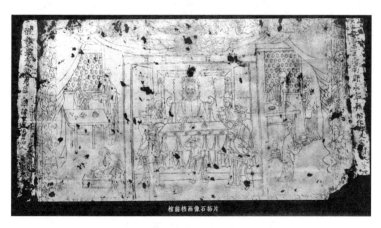

图7-4　河南洛宁乐重进画像石棺进茶图

（4）河南宜阳宋墓石棺饮茶图。

该墓于1995年12月出土，河南宜阳县莲庄乡坡窑

村宋墓画像石棺上为单线阴刻图，墓葬时间也在徽宗时
期。与前引乐重进墓一样，石棺盖及四面有单线阴刻画像
多幅。墓主夫妇饮茶图刻于石棺前挡，画面共有六人，中
间为一四腿长方桌，墓主人夫妇隔桌对坐于桌左右两侧靠
背椅上，两人手中均持茶碗，桌正中放带瓶托的茶瓶（考
古报告称注子）一，对称放果盘四、盏托二。二人身后各
左右站立两侍女，其中男主人身后右边的侍女双手端一托
盘，盘中放着两只果盘（见图7-5）。后挡为收获图，画
面正中为一双扇大门，三男子肩扛满袋粮食。考古报告认
为雇工和高大的门户显示了墓主人的富庶[1]。此石棺的墓
主夫妇饮茶图，表明了北宋北方地区富庶人家的日常饮茶
状态。

图7-5　河南宜阳宋墓石棺饮茶图

---

[1]　李献奇、张应桥：《河南宜阳北宋画像石棺》，《文物》1996年第8期。

　　而文人和官僚乃至帝王的饮茶生活，则要较日常多些文化气息。苏轼《试院煎茶》诗句"不用撑肠拄腹文字五千卷，但愿一瓯常及睡足日高时"[1]，可谓文人日常茶生活的生动写照。宋人居家饮茶，自有其清雅高韵者，从《张约斋赏心乐事》中可以看到，其三月在"经寮斗新茶"，十一月在"绘幅楼削雪煎茶"，都是贵胄之家分时节在专门的建筑中展开不同的茶事活动[2]。所以，宋代虽未出现专门用于饮茶的茶寮、茶室，但已经有后世专门茶寮的先声。一般的诗人才子，在冬季天降瑞雪时，也会以腊雪煎水点茶，并吟诗咏曲。可谓不负瑞雪不负茶，文雅十足。

二、公共场所饮茶

　　唐代中期自茗铺、茶肆、茶店出现以来，它们就逐渐成为社会各阶层民众生活的公共空间。如《封氏闻见记》卷六《饮茶》曰："自邹、齐、沧、棣渐至京邑，城市多开店铺，煎茶卖之，不问道俗，投钱取饮。"[3]武宗会昌五年（845）六月九日，日本僧人圆仁在郑州"见辛长史走马趁来，三对行官遏道走来，遂于土店里在，吃茶"[4]。

---

① 《全宋诗》卷七九一，第14册，第9160页。
② 《武林旧事》卷十，《全宋笔记》第八编第二册，第134、135页。
③ ［唐］封演撰，赵贞信校注：《封氏闻见记校注》卷六，中华书局，2005年版，第51页。
④ ［日］圆仁撰，白化文、李鼎霞、许德楠校注：《入唐求法巡礼行记校注》卷四，花山文艺出版社，1992年版，第472页。

至宋代，茶肆、茶坊、茶楼、茶店是宋代诸大城市乃至县乡市镇中极为常见、为数较多的专门店。两宋的都城汴京和临安都分布有多家茶坊茶肆。

汴京茶坊多集中于御街过州桥、朱雀门外街巷、潘楼东街巷、相国寺东门街巷等处，主要有李四分茶坊、薛家分茶坊、从行裹角茶坊、北山子茶坊、丁家素茶坊等。此外长十余里的马行街上，……"各有茶坊酒店，勾肆饮食"①。而《宣和遗事》中徽宗微服私访李师师时，还有一家"周秀茶坊"②。《清明上河图》中有众多的无字号店铺，"沿河区的店铺以饭铺茶店为最多，店内及店门前，都摆设有许多桌凳，不管客人多少，看上去都很干净。桌子有正方形和长方形两种，凳子则均为长条形，而且凳子面较宽，一般都排放整齐"③。（见图7-6）

《梦粱录》记临安则"处处各有茶坊、酒肆、面店、果子、油酱、食米、下饭鱼肉、鲞腊等铺"，如黄尖嘴蹴球茶坊、王妈妈家茶肆、车儿茶肆、蒋检阅茶肆、潘节干茶坊、俞七郎茶坊、朱骷髅茶坊、郭四郎茶坊、张七相干茶坊等④。

① [宋]孟元老撰，邓之诚注：《东京梦华录注》，卷二"宣和楼前省府宫宇""朱雀门外街巷""潘楼东街巷"条，卷三"寺东门街巷""马行街铺席"条，中华书局，1994年版，第52、59、70、102、111-112页。
② 见钱南扬：《宋元戏文辑佚》，中华书局，2009年版，第109页。
③ 周宝珠：《〈清明上河图〉与清明上河学》，河南大学出版社，1997年版，第118页。
④ 《梦粱录》卷十三《铺席》、卷十六《茶肆》，《全宋笔记》第八编第五册，第221、246-247页。

图7-6　张择端《清明上河图》局部·沿河饭铺茶坊
（现藏北京故宫博物院）

　　在两宋京城之外，其他城市乡镇和草市中亦多有茶坊茶肆。庄绰《鸡肋编》记严州城有茶肆[1]，洪迈《夷坚志》中记载了不少地方的茶肆，如"邢州富人张翁，本以接小商布货为业，一夕闭茶肆讫……客曰：张牙人在乎？我欲令货。""临川人苦消渴，……尝坐茶坊。""饶州市老何隆……尝行至茶肆。""乾道五年六月，平江茶肆民家失其十岁儿。""黄州市民李十六，开茶肆于观凤桥下。""鄂州南草市茶店仆彭先者……才入市，迳访茶肆。""福州城西居民游氏家素贫，仅能启小茶肆，食常不足。"[2]等等。

① 《鸡肋编》卷上，第11页。
② 分见［宋］洪迈：《夷坚志》，乙志卷七，"布张家"，第242页；支庚卷八，"道人治消渴"，第1201页；丙志卷十，"茶肆民子"，第452页；支乙卷二，"茶仆崔三"，第805页；支庚卷一，"鄂州南市女"，第1136页；支癸卷八，"游伯虎"，第1278页。

　　宋代茶馆茶肆经营手法丰富，每年四季插上应时花卉，张挂名人绘画，《梦粱录》卷一六《茶肆》："插四时花，挂名人画，装点店面"，"所以勾引观者，留连食客"①，以吸引消费者驻足观赏，长时间留在店里，最终会增加消费。《后山丛谈》卷三记载，早在宋太祖时，灭后蜀国，其宫中金银玉器书画全部被宋军收缴，"太祖阅蜀宫画图，问其所用，曰，以奉人主尔。太祖曰，独览孰若使众观邪？于是以赐东华门外茶肆"②。除了用应季花卉、名人字画装饰店面外，《梦粱录》记茶肆还经常"敲打响盏歌卖"，鼓乐唱曲卖茶，杭州夜市上还有"带三朵花点茶婆婆敲响盏、掇头儿拍板"，经营手段比较丰富③。除了用拍板这样的正式乐器外，茶肆多

图7-7　宋代成套音盏

直接用敲打茶碗的方式作乐，宋代出土有成套"音盏"（见图7-7），至今尚为当代茶馆经营传承，可谓宋代茶馆文化的特色经营手法。

　　茶坊茶肆中，除了售

---

① 《梦粱录》卷十六《茶肆》,《全宋笔记》第八编第五册，第246页。

② [宋] 陈师道：《后山丛谈》卷五，李伟国点校，中华书局，2007年版，第65页。

③ 《梦粱录》卷一六《茶肆》、卷一三《夜市》,《全宋笔记》第八编第五册，第246、223页。

卖单纯的点茶之外，不同的季节也添卖应季的"奇茶异汤"："四时卖奇茶异汤，冬月添卖七宝擂茶、馓子葱茶，或卖盐豉汤。暑天添卖雪泡梅花酒，或缩脾饮暑药之属。"①即冬季添卖七宝擂茶等加入七种食料的热饮，夏季则添卖各种清凉消暑的饮品，时称"凉水"，《武林旧事》"凉水"条下，记有十七种之多："甘豆汤、椰子酒、豆儿水、鹿梨浆、卤梅水、姜蜜水、木瓜汁、茶水、沈香水、荔枝膏水、苦水、金橘团、雪泡缩脾饮、梅花酒、五苓大顺散、香薷饮、紫苏饮。"②

除了茶肆、茶坊、茶楼在固定的地方专门卖茶水等诸种饮料外，两宋大城市还有推车、挑担、提瓶卖茶者，如北宋汴京至夜半三更还有提瓶卖茶者，"盖都人公私营干，夜深方归也"③，南宋时杭州则"夜市于大街有车担设浮铺，点茶汤以便游观之人"，为深夜仍在活动、游玩的吏人、商贾或市民提供饮茶服务。另外在"巷陌街坊，自有提茶瓶沿门点茶，或朔望日，如遇吉凶二事，点送邻里茶水，倩其往来传语"④，大为便利市民的日常生活。

南宋刘松年绘有茶画《茗园赌市图》，从画面上看是卖

---

① 《梦粱录》卷一六《茶肆》，《全宋笔记》第八编第五册，第246页。"缩脾"《武林旧事》卷六《凉水》作"缩皮"，并注"宋刻作缩脾"。按"梅花酒"非酒，乃饮料"凉水"之一种，见《武林旧事》卷六《凉水》。
② 《武林旧事》卷六《凉水》，《全宋笔记》第八编第二册，第85页。
③ 《东京梦华录注》卷三"马行街铺席"条，第112页。
④ 《梦粱录》卷一六《茶肆》，《全宋笔记》第八编第五册，第246、247页。

茶沽茗者之间在斗茶竞卖。画中有四个提茶瓶的男子在斗茶，一位手持茶碗似乎刚刚喝完正在品味，一位正在举碗喝，一位左手持茶瓶右手拿茶碗正在往碗中注茶汤，一位则是在喝完茶后抬起右手的衣袖擦嘴。四人的右边，一个男子站在茶担边，左手搭在茶担上，右手罩在嘴角上，正在吆喝卖茶，茶担一头贴着"上等江茶"的招贴。画面的左右两边各有一个手拿茶瓶、茶碗茶具的男女，一边往前走，同时一边又回头看着四人在斗茶。画面中提茶瓶的卖茶人身上都带着雨伞或雨笠，挑茶担人的茶担上也有一个防雨的雨篷，说明这些卖茶者主要是在露天的大街小巷、瓦市勾栏中卖茶的（见图7-8）。整幅画面表现了宋代茶肆生活的一个侧面，反映的是市民阶层的卖茶、饮茶生活。

图7-8　刘松年《茗园赌市图》（现藏台北故宫博物院）

　　茶肆除了经营茶饮，或为其他行业提供场地和多收费的由头外，还会随着时节经营一些其他物品。如《东京梦华录》卷二记汴京潘楼东街巷的"茶坊每五更点灯博易买卖衣服图画领抹之类，至晓即散"①。叶梦得《岩下放言》卷中："余绍圣间春官不第，归道灵璧县，世以为出奇石。余时病卧舟中，行橐萧然，闻茶肆多有求售。"②《武林旧事》卷二《元夕》记南宋杭州"自旧岁冬孟驾回，……天街茶肆，渐已罗列灯球等求售，谓之'灯市'。自此以后，每夕皆然"。③说明茶肆在元宵节前亦同时经营灯市。

　　丰富多彩的品种，一专多业的经营领域，为茶肆招徕了众多的顾客。除了单纯卖茶饮料及附带售卖物品的坊肆楼店之外，《梦粱录》卷一六《茶肆》言两宋还有各种"人情茶肆，本非以点茶汤为业，但将此为由，多觅茶金耳"④。由此出现了与多种社会角色、行业相关的专门茶楼，使茶与宋代市民的社会生活发生了密切的关系。根据《梦粱录·茶肆》《都城纪胜·茶坊》《武林旧事·歌馆》等所记，南宋杭州有如下诸种茶坊：

1. 茶楼教坊

　　"大凡茶楼多有富室子弟、诸司下直等人会聚，学习乐

---

① 《东京梦华录注》卷二"潘楼东街巷"条，第70页。
② ［宋］叶梦得：《岩下放言》，《全宋笔记》第二编第九册，第339-340页。
③ 《武林旧事》卷二《元夕》，《全宋笔记》第八编第二册，第30页。
④ 《梦粱录》卷一六《茶肆》，《全宋笔记》第八编第五册，第246页。

器，上教曲赚之类，谓之'挂牌儿'。"①

茶与中国传统戏曲的关系历来甚为密切，两宋正值传统戏曲的初音"南戏"形成之时，茶肆作为一个重要的消费娱乐场所，又为戏曲的传习提供了良好的场地。

2. 行业聚会处

"又有茶肆专是五奴打聚处，亦有诸行借工卖伎人会聚，行老谓之市头"②，各种行业的人员常在某个茶肆聚集，茶肆因而成为诸行寻觅专业人力之处，有点像现在的专业劳务市场与同业行会。

3. 文人士大夫社交场所

"更有张卖面店隔壁黄尖嘴蹴球茶坊，又中瓦内王妈妈家茶肆名一窟鬼茶坊，大街车儿茶肆、蒋检阅茶肆，皆士大夫期朋约友会聚之处。"③

茶坊为文人士大夫提供了既正式又随意的社交场所。

4. 花茶坊与水茶坊

消费娱乐业常常和色情业结合在一起，茶肆亦不例外。在南宋杭州城，"大街有三五家开茶肆，楼上专安着妓女，名曰花茶坊，如市西坊南潘节干俞七郎茶坊，保佑坊北朱骷髅茶坊。太平坊郭四郎茶坊。太平坊北首张七相干茶坊，盖

① 《梦粱录》卷一六《茶肆》，《全宋笔记》第八编第五册，第246页。
② 《梦粱录》卷一六《茶肆》，《全宋笔记》第八编第五册，第246-247页。
③ 《梦粱录》卷一六《茶肆》，《全宋笔记》第八编第五册，第246-247页。

此五处多有吵闹，非君子驻足之地也"①。妓院并不是中国古代文人忌讳的地方，如果这些地方不是经常吵闹，想必君子驻足一下也无妨。

事实也正是花茶坊的传统源远流长，至少到民国时期，人们还有将嫖妓称为"吃花茶"者。

而水茶坊则是"娼家聊设桌凳，以茶为由，后生辈甘于费钱，谓之'干茶钱'"②的地方，完全是以茶为幌子的色情场所。

5. 歌馆

有些茶肆虽然也为女色填满，但它却不像"花茶坊"那样纯为出卖色相之地，而更主要的是卖歌卖艺，类似艺伎：

> 诸处茶肆，如清乐茶坊、八仙茶坊、珠子茶坊、潘家茶坊、连三茶坊、连二茶坊，及金波桥等两河以至瓦市，各有等差，莫不靓妆迎门，争妍卖笑，朝歌暮弦，摇荡心目。凡初登门，则有提瓶献茗者，虽杯茶亦犒数千，谓之"点花茶"。登楼甫饮一杯，则先与数贯，谓之"支酒"。然后呼唤提卖，随意置宴。③

艺伎茶肆歌馆的消费高过任何茶肆包括花茶坊，至少说明当时人在买笑娱乐中还比较重艺。

6. 茶肆与书场

南宋，小说讲史成为市民喜闻乐见的文化娱乐活动形

---

① 《梦粱录》卷一六《茶肆》，《全宋笔记》第八编第五册，第246页。
② ［宋］耐得翁：《都城纪胜》"茶坊"，《全宋笔记》第八编第五册，第11页。
③ 《武林旧事》卷六《歌馆》，《全宋笔记》第八编第二册，第81-82页。

式，茶肆则为之提供了良好的场所。说话讲史者在茶肆中搭台即席开讲，饮茶者一边品茗一边听书。《夷坚支志》丁志卷三记乾道年间，吕德卿与其友共四人"出嘉会门入茶肆中坐，见幅纸用绯贴，尾云：今晚讲说《汉书》"[1]，便是在茶肆中讲史的说话艺人的节目预告。

由于南宋小说界出现了众多的专业艺人，有的艺人长期在某个娱乐场所表演，以致该场所便以他的名字称呼。而茶肆亦会因其一段时间专门讲说某种话本故事而得名。如前文提到的"中瓦内王妈妈家茶肆名一窟鬼茶坊"，《一窟鬼》是宋代说话人常说的话题，可以想见王妈妈家茶肆当是有说话人讲《一窟鬼》故事而著名，乃至以"一窟鬼"名称之。又有保佑坊北朱骷髅茶坊，大概也是以有说话人讲说神怪故事而得名。

宋代的茶肆除上述社会功能外，还有前文中提过的杭州城内的一家茶坊名"黄尖嘴蹴球茶坊"，大概是可以供茶客蹴球玩乐或观赏蹴球游戏。此外，茶肆中也常可以弈棋赌博。洪皓使金至燕京时，发现那里的茶肆和南方宋境一样兴盛，也同样开设赌局招赌。"燕京茶肆设双陆局，或五或六，多至十，博者蹴局，如南人茶肆中置棋具也。"[2]

正因为茶肆中有着丰富多彩、令人目眩心驰的娱乐活

---

[1] 《夷坚志》支丁卷三"班固入梦"，第991页。
[2] ［宋］洪皓：《松漠纪闻》续，《全宋笔记》第三编第七册，第131页。

动，它成了宋代社会市民们"终日居此，不觉抵暮"①的社交、娱乐场所。

三、文人士夫的茶会雅集

文人雅集，大致始自魏晋时期。三国时期以曹氏父子为中心的"邺下集会"诗酒酬唱，首开文人雅集之先河，而王羲之在晋穆帝永和九年（353）三月三日，与孙绰、支遁、谢安、王徽之等40多位名士在会稽山阴的兰亭上巳修禊聚会，则是一次标志性的雅集，诗人墨客们于兰亭曲水流觞，饮酒起兴，创作诗文书法。自此，文人们雅集并从事多种文化活动，形成一种新的文人生活风气。以文会友、以诗会友、以酒会友，凡文雅物品，常可以之会友。一般筵宴当以酒饮为多，至唐中期，茶文化兴盛、茶饮大行其道后，文人们又开始以茶会友，使得以茶为题为载体的聚饮，也逐渐加多，渐渐地形成茶宴、茶会——以茶为主题的雅集，这样一种新的文化现象。

最早见于文字记载的茶会当数唐时的茶宴，如吕温《三月三日茶宴序》所记之茶宴："三月三日上巳，禊饮之日也，诸子议以茶酌而代焉。乃拨花砌，爱庭阴，清风逐人，日色留兴，卧措青霭，坐攀香枝，闲莺近席，而未飞红蕊，拂衣而不散。乃命酌香沫，浮素杯，殷凝琥珀之色，不令人醉，

微觉清思，虽五云仙浆无复加也。座右才子，南阳邹子、高阳许侯与二三子。顷为尘外之赏，而曷不言诗矣。"[1]但此茶宴乃是在传统的三月三日上巳修禊之饮时，以茶代酒而成，尚非专门正式的茶会。此外钱起也有《与赵莒茶宴》诗记叙茶会。较早的正式茶会是唐代文人吟诗论佛而组织的，如武元衡《资圣寺贲法师晚春茶会》、刘长卿《惠福寺与陈留诸官茶会，得西字》、钱起《又尝过长孙宅与郎上人作茶会》等诗篇所记录的情况。《清异录·茗荈门·汤社》记五代时和凝曾组织汤社："和凝在朝，率同列递日以茶相饮，味劣者有罚，号为汤社"[2]。和凝组织这种茶会的真正目的完全在于饮茶、评茶，与后来的茶会也还略有区别。

　　宋代的茶会，已经开始具有品饮茶汤之外的社会功能。如"太学生每路有茶会，轮日于讲堂集茶，无不毕至者，因以询问乡里消息"[3]。这茶会有类于后来的同乡会，以茶会集，互相询问了解家乡的情况。在文人们聚集的茶会上，常常还会行茶令。南宋王十朋《万季梁和诗留别再用前韵》诗有云："搜我肺肠茶著令"，并自注云："予归与诸友讲茶令，每会茶，指一物为题，各举故事，不通者罚。"[4]

---

①《全唐文》卷六二八，第6337页。

②《中国古代茶书集成》，第90页。

③ ［宋］朱彧：《萍洲可谈》卷一，李伟国点校，中华书局，2007年版，第121页。

④ ［宋］王十朋：《梅溪集》前集卷四《万季梁和诗留别再用前韵》。并见《全宋诗》卷二〇一八，第36册，第22616—22617页。

宋代优待文士，甚至为馆阁史官设专门处所以便其会茶，如《南宋馆阁录》卷二"省舍"载："国史日历所在道山堂之东。……庭后一间为汗青轩。……校雠官许职事暇时入会茶，史官许非时带文字入编撰；长、贰遇佳节，依故事，置公酒三行聚会。"①诸多趣闻轶事，便在会茶时发生。如《道山清话》记曰："馆中一日会茶，有一新进曰：'退之诗太孟浪。'时贡父偶在座，厉声问曰：'风约一池萍谁诗也？'其人无语。"②

城邑与山林是陆羽分别列举的饮茶之境，而对于宋人来说，文人雅集饮茶，是颇具当时时代特色的茶文化，一般以茶会、茶宴为称，是宋代茶文化代表性活动之一。文人们相聚林下，抚琴读画，啜茗观书，焚香赏石，侍花插花，诸般闲雅生活，无一不具，且无不推至生活艺术的顶峰。

宋代是中国古典园林兴盛发展的时期，宋人很看重林园之趣，大大小小的文人茶雅集，多在林园之中举行。宋人绘画，对于文人雅集的新形式与内容都有形象的反映。比如"南宋四家"之一刘松年的《撵茶图》，是刘松年与茶事有关的画作中最具代表性的一幅，描绘的就是一次宋代文人在林园之中典型的小型雅集——品茗观书作画的生活场景。

---

① ［宋］陈骙：《南宋馆阁录》卷二"省舍"，张富祥点校，中华书局，1998年版，第14页。
② ［宋］佚名：《道山清话》，《全宋笔记》第二编第一册，第92-93页。文渊阁四库全书本称作者为王暐。

刘松年是南宋孝宗、光宗、宁宗三朝时的画院与宫廷画师，是与李唐、马远、夏圭齐名的南宋四大家之一，兼擅人物画与山水画。画风师承李唐，而有新的杰出成就，以至于明代张丑甚至将其成就与地位排在李唐等其余诸家之上："北宋四名家，李成为冠，董源、巨然、范宽次之。南宋则刘松年为冠，李唐、马远、夏圭次之。"① 刘松年画作题材不拘，涉及社会生活诸多方面，如潜含国恨家仇的《便桥图》，为南宋中兴张目的《中兴四将图》，著名的山水画《四景山水图》，而于当时流行的宗教画，亦有多幅《罗汉图》传世，对于李唐以来流行的风俗画也不遑多让，如与遍及宋代社会各阶层的饮茶风习相应，绘有多幅茶画，为美术、社会生活、茶文化史留下丰富生动的材料，并且在当时及后世成为画家们反复描摹的范本。研究刘松年的茶画与相关画作，可以目睹宋代茶文化生活的鲜活的历史场面，为今人提供观览与借鉴。

刘松年《撵茶图》，画面描绘的是宋代文人小型雅集，是宋人茶雅集生活的典型之作。

从《撵茶图》画面来看，其中茶事部分的内容，与文人聚会的部分相比，占据了同样重要的比重。画面右侧长桌边一位僧人正在兴笔挥毫，他的正、侧对面分别坐着两位文士，其中一位双手展卷却并不看卷，而是两人都凝神看着僧

① ［明］张丑：《清河书画舫》卷十一上，文渊阁四库全书本。

人的作书作画。画面左部两人都专心忙于茶事，所用器具与
茶事流程，是典型的点茶法与相应器用。下部一人跨坐在长
方形矮几（或长条凳）上，右手持石磨的转柄正在碾磨茶
叶，磨好的茶末正喷薄而出，磨边叠放着一只茶匙与一尾棕
帚。另一人站立在一张方桌边，左手持一茶碗，右手执汤瓶
正往茶碗中注汤。方桌上放置着多种茶具：一叠盏托，平堆
着一摞茶碗，两只末茶贮茶盒，一只盖罐（或曰盖碗），一
只盛水水盆，还有一支水杓搁在水盆里，一只竹茶笼，以及
一叠其他用具。桌前侧下部的横档上挂着一方茶巾。桌前地
上的小方几上放着一只正在烧水的茶炉，炉上烧着的是带
盖、带流、带提梁型执手的水铫式煮水器。执瓶注汤侍者的
右后侧，镂空雕花的器座中，安陈着一只大型的贮水瓮，瓮
口盖着一个卷边的荷叶形器盖（见图7-9）。

图7-9　刘松年《撵茶图》（现藏台北故宫博物院）

　　《撵茶图》茶事部分较全面地描摹了宋代的点茶茶艺，从碾茶、煮水到注汤点茶的点试过程以及所用的大部分茶具，是宋代点茶法清晰的图像展示。画面集品茗、观书、作画于一幅，文事与茶事并重，但画题却舍文事而以茶事为题，表明作者敏锐地把握住了茶与文人生活内在共通的一个"雅"字，以茶标题文会，犹以左右代称尊者，意蕴幽幽，但最终还是突出了一个"茶"字。以茶集指称雅集，以备茶指称文会，这是唐五代以来茶宴茶集之风的延续，切不必改题为《高僧挥翰图》之类。因为台陆两地都有学者认为《撵茶图》的内容在于翰墨而不在于茶事，因而其命名从根本上是错了，应该更名为《高僧染翰图》或者《高僧挥毫图》，或"《高僧挥翰图》"①，实在是他们不了解宋代茶文化的盛况所致。

　　茶事频繁地出现于宋代众多文人雅集的活动之中。

　　宋徽宗赵佶所绘《文会图》的画面前景，即为数位侍者在备茶的场景（见图7-10）；传为赵佶所绘的《十八学士图》上也有一段与《文会图》完全相同的备茶场景（见图7-11；北京故宫博物院另有一幅宋代佚名《春宴图》

---

① 台北学者李霖灿、梁丽祝于《故宫文物月刊》第23、29期发表《刘松年的撵茶图和醉僧图》《撵茶图人物续论——钱起、怀素和戴叔伦》；大陆学者王元军《也论〈撵茶图〉中的人物及其他》，载《故宫文物月刊》第202期，又见氏著《唐代书法与文化》，中国大百科全书出版社，2009年版，第105页。

图7-10　［传］赵佶《文会图》

图7-11　［传］赵佶《十八学士图》局部

的备茶局部似为摹绘［传］赵佶《十八学士图》之局部，其中备茶场景亦同）；马远《西园雅集图》中有侍者备茶场景；刘松年《十八学士图》有备茶场景；等等，可见以备茶场面以示雅集之饮茶，是宋代文人聚会图画中的重要组成部分。这类图画大多题为文会、雅集。

徽宗赵佶的《文会图》描绘了一群文人在园林中的大型聚会。聚会在庭院中举行，周围雕栏曲折，院内翠竹茂树，杨柳依依。画面中长方形大桌上整齐对称布满了内盛丰盛果品的盘盏碗碟以及瓶壶筷勺，还有六瓶一样的插花匀布其间以为装饰。画面正中下方是这次聚会的备饮部分，陈列了众多的宋代茶具，并展示了宋代点茶法的部分程式。柳枝垂荫下，石桌上安放着一把黑色的古琴和一只古雅的三足香炉，表明这次雅会还有焚香鼓琴之韵事。总体上来看，《文会图》描绘了一次有酒食有茶饮但尤其突出茶内容的雅集。

《文会图》让人们通过画面很直观地理解了宋词中关于酒后饮茶词的描写。

苏轼《行香子·茶词》：

绮席才终，欢意犹浓。酒阑时、高兴无穷。共夸君赐，初拆臣封。看分香饼，黄金缕，密云龙。　　斗赢一水，功敌千钟。觉凉生、两腋清风。暂留红袖，少却纱笼。放笙歌散，庭馆静，略从容。[1]

---

[1] 见《全宋词》，第一册，第302页。

黄庭坚《阮郎归·茶词》:

歌停檀板舞停鸾。高阳饮兴阑。兽烟喷尽玉壶乾。香分小凤团。

雪浪浅，露珠圆。捧瓯春笋寒。绛纱笼下跃金鞍。归时人倚阑。[1]

宋辽金时期，政府与宴燕有关的礼仪中都有酒食与茶。宋人文字及正野史之记，对于宴燕，关于礼之层面着墨最多，于酒食行次反而不甚详。可从"尽致周、秦、两汉、隋、唐文物之遗余"[2]的契丹人仪礼中得窥一斑，如《辽史》卷五十三《仪卫志》记皇帝生辰朝贺仪:"殿上一进酒毕，从人入就位如仪。亲王进酒，行饼茶，教坊致语如仪。行茶、行骰膳如仪。"[3]卷五十四《乐志》所记"皇帝生辰乐次"则有饮食娱乐的全记录:"酒一行，觱篥起，歌。酒二行，歌，手伎入。酒三行，琵琶独弹。饼、茶、致语。食入，杂剧进。酒四行，阙。酒五行，笙独吹，鼓笛进。酒六行，筝独弹，筑球。酒七行，歌曲破，角抵。"[4]

这些，也有助于人们理解日本茶道中与酒食并重的程式

---

① 《全宋词》，第一册，第402页。原注曰:"案此首《全芳备祖后集》卷二十八茶门作苏轼词。别又误作张子野词，见《张子野词》卷一。"按，不同名下，词字有小异。

② [元] 脱脱等:《辽史》卷五十五志第二十四《仪卫志一》，中华书局，1974年版，第899页。

③ 《辽史》卷五十三《礼志六》，第869页。

④ 《辽史》卷五十四《乐志》，第891-892页。

安排的文化源头。

　　而文人们以茶相聚的茶会，则自有标准。欧阳修与苏轼先后都有诗句述及文人茶会场合及相宜的会茶条件，欧阳修在《尝新茶呈圣俞》诗中有句曰："泉甘器洁天色好，坐中拣择客亦嘉"[①]，苏轼《到官病倦未尝会客毛正仲惠茶乃以端午小集石塔戏作一诗为谢》中亦言："禅窗丽午景，蜀井出冰雪。坐客皆可人，鼎器手自洁。"[②]南宋人胡仔在《苕溪渔隐丛话》中引述了这两首诗的诗句后说"正谓谚云'三不点'也"[③]，说它们是与谚语所说"三不点"相对的正面说法，说明欧、苏之后，宋代关于会客饮茶已经有了宜否的说法，从两诗可以看到相宜的条件：泉甘器洁，静室丽景，坐中佳客，另外一个不言而喻的当然条件就是好茶。

　　爱茶的主人，相得的客人，好茶，好水，洁器，静室，佳景或好天气，是宋代茶会不可或缺的条件，也是明以来茶人雅士论说茶事宜否的蓝本，宋人所论列的要素与基本原则，直至当今仍是茶会茶事活动的要素与基本原则。

---

① 《全宋诗》卷二八八，第6册，第3646页。
② 《全宋诗》卷八一八，第14册，第9466页。
③ ［宋］胡仔：《苕溪渔隐丛话》前集卷四六，人民文学出版社，1962年版，第316页。

第八章

宋代点茶文化的行为主体

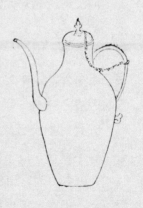

點 提 湯

任何一种文化现象，无论其是否有广泛的社会基础、群众基础，都必然要有行为主体。在宋代，点茶文化的行为主体角色担当，是宋代的文人士夫群体。茶文化自唐兴起，日渐发展，至宋代发展到农耕社会的极致，正是与宋代文人的作为密切相关。宋代文人是宋代茶文化最主要的创造者、践行者，是宋代茶文化的精神内涵的体验者、赋予者。在宋代几乎所有茶文化领域，文人都有很大或相当的作为，甚至可以说，正是宋代文人与茶相关的种种作为，拓展了茶文化的领域，丰富了茶文化的内涵，为中华茶文化做出了无可替代的贡献。

一、宋代文人是茶文化最主要的创造者

前文述论北宋太宗即位没几个月就属意于贡茶之事，除个人兴趣爱好之外，北宋初年闽国、南唐、漳泉二州茶事，都当对其产生影响。除南唐、漳泉两州等小国及割据政权的贡茶茶事外，宋初文人对茶事文化的鼓吹赞颂，亦当是重要影响因素之一。

五代时期，虽然皇帝在位时间短暂，一众文人大臣却有很多不倒翁，最典型的是历史上唯一的"十朝元老"冯道（882—954），为官历经四朝十帝，后世对这样的文臣评价褒贬不一。但在帝王更换频仍、政治动荡的时代背景下，他们却始终是一种政治稳定的因素，同时也使文化传承得以不坠。北宋初年，由后周入宋的一批文人士夫中，也有不少这

样的人，陶谷即其中之一。

陶谷（903—970），历仕后晋、后汉、后周至宋，"强记嗜学，博通经史，诸子佛老，咸所总览；多蓄法书名画，善隶书。为人隽辨宏博，然奔竞务进"①。主要存世著作为《清异录》，其中内容一直写到其去世的北宋开宝三年（970）。全书二卷，共分三十七门，保存了大量社会史、文化史方面的材料。其中《茗荈》门被明代喻政抽出来作为一种茶书，题曰《茗荈录》，入其所编《茶书》前集，后代仍之。

《茗荈录》共十八条②，记录了一些名茶之名，艺茶及饮茶之事，茶的别称、戏称和水丹青（原题称"生成盏"）、茶百戏、漏影春等茶艺技术，这些都表明了在北宋之初，茶事茶艺及有关茶的观念在社会各阶层都已较为流行。这些内容或许也是影响宋太宗重视茶事的因素之一。

宋太宗即位之初的太平兴国二年（977），"特置龙凤模，遣使即北苑造团茶，以别庶饮"③。朝廷还派专使到建州北苑制造帝王专属的龙凤团茶，用特别的刻有龙、凤图案的棬模专门制造贡茶。

---

① 《宋史》卷二六九《陶谷传》，第9238页。
② 《清异录》"茗荈"门原共十九条，其第一条为"十六汤"，系抄录唐苏廙《十六汤品》而成，已被喻政分别出来单独成为一书。喻政将所余十八条单列为一茶书，题名"荈茗录"，笔者编录《中国古代茶书集成》时将题名改仍原标题称"茗荈录"。按：《全宋笔记》整理者选用明隆庆本《清异录》，以"门"为类目标题，称"茗荈门"。
③ 《宣和北苑贡茶录》，见《中国古代茶书集成》，第133页。

宋太宗对贡茶的重视，影响到福建地方政府机构的设置。宋代地方政府的最高一级机构为路，路分帅司路、漕司路、宪司路、仓司路，《宋史·地理志》中之路系漕司路即转运使路，首列之州府即为漕司所在。但福建路转运司却设于位列第二的建州，而不在首列之福州。这种例外的情况当与建州北苑贡茶密切相关，因为福建漕司的首要任务就是掌管贡茶之事。

制度的力量虽然隐含不彰，但自丁谓开始的多任福建路转运使，对于太宗这项看似不起眼其实用意深邃的任务心领神会。从此，宋代文人士夫因了北苑官焙贡茶的机缘，以超乎想象的热情，为茶业、茶文化做了超出职责的大量工作。即在职任之外，另有作为，为北苑茶著书立说，鼓吹宣扬北苑茶，使宋代茶文化成为茶文化史上精致、繁盛的典范。

1. 宋代文人与北苑贡茶

从丁谓开始，福建路转运使及北苑茶官为北苑贡茶高贵与精致化多方努力，使北苑贡茶成为精致与清尚高贵的代表，成为上品茶的极致与无可超越的典范。

丁谓（966—1037）于太宗至道（995—997）年间任福建路转运使，"监督州吏，创造规模，精致严谨"[1]，使龙凤茶制作进贡的制度规范严谨。

福建人蔡襄（1012—1067，见图8-1），于仁宗庆历七

---

[1]《郡斋读书志校证》卷一二，第534页。

年（1047）十一月自知福州徙福建路转运使，在太宗诏制的龙凤等茶品之外，又添创了小龙团茶。此前的龙凤茶即被称大龙、大凤。大龙茶斤八饼，小龙团茶斤十饼。此后，为纾解仁宗因无子嗣而郁郁寡欢的心情，蔡襄又创增更为精致的曾坑小团，斤二十八饼，总量只有一斤，被旨号为上品龙茶。小龙团茶与上品龙茶开创了北苑贡茶日益精致的先河。

图8-1　蔡襄像

　　丁谓、蔡襄对北苑贡茶的贡献，得到时人的充分肯定，如苏轼《荔枝叹》诗云："武夷溪边粟粒芽，前丁后蔡相笼加。"[1]

　　贾青于神宗熙宁（1068—1077）中为福建转运使，"又取小团之精者为'密云龙'，以二十饼为斤而双袋，谓之'双角团茶'"[2]，"熙宁末，神宗有旨建州制密云龙，其品又加于小团矣"[3]。哲宗绍圣（1094—1097）间将密云龙改为瑞云翔龙。

　　郑可简于徽宗宣和二年（1120）任福建路转运使，在提

---

① 《全宋诗》卷八二二，第14册，第9516页。
② 见《石林燕语》卷八，《全宋笔记》第二编第十册，第124页。
③ 见《画墁录》，《全宋笔记》第二编第一册，第211页。《宣和北苑贡茶录》作"元丰间"，《清波杂志》卷四有类似记述，但称熙宁后始重，未言始造于何时。

高上品贡茶的品质技艺方面独出心裁。此前蔡襄制小龙团而胜大龙茶，元丰（1078—1085）间密云龙又胜小龙团茶，从制茶工艺角度来说都是靠减小茶饼的尺寸来完成的：大龙大凤茶每斤8饼，小龙茶每斤10饼，密云龙每斤20饼。郑可简不再在茶饼的尺寸上打主意，而将目光集中在原料的品质等级上。

郑可简将已准备好制贡茶如雀舌鹰爪般的茶叶芽叶蒸熟之后，抽取茶芽中心如发丝细线般细嫩的一缕，"用珍器贮清泉渍之，光明莹洁，若银线然"[①]。这种原料称为银线水芽，制成最上品的贡茶龙园胜雪，成为贡茶的最上品。此后宋代贡茶再无能出其右者。

由蔡襄开创的宋代贡茶日益精致化，最终形成了对鲜叶品质的独特追求以及加工工艺的极工尽料，并且在实践中对于鲜叶嫩度的追求也达到了后人再也没有企及过的高度——银线水芽，从原料的角度来看，可谓达到登峰造极无以复加的地步。

2. 宋代文人与北苑茶书

宋代文人为北苑贡茶撰写茶书，使上品茶的观念深入人心，从此经久不衰。

北苑茶书之撰始自丁谓，他在督造贡茶的使职之外，专门撰写《北苑茶录》，晁公武《郡斋读书志》卷一二录丁谓之书名为《建安茶录》，言其内容为"录其园焙之数，图绘

---

① 《宣和北苑贡茶录》，见《中国古代茶书集成》，第135页。

器具，及叙采制入贡方式"①。风气既开，此后福建路转运使、建安知州、北苑茶官等任上的官员，多有相继为北苑贡茶撰书立说者。如景德（1004—1007）中任建州知州的溧阳人周绛，著《补茶经》，"以陆羽《茶经》不第建安之品，故补之。又一本有陈龟注，丁谓以为茶佳不假水之助，绛则载诸名水云"②。

而蔡襄创制小龙团茶的行为实际得到仁宗皇帝的嘉许和当面询问，蔡襄深谙茶事茶艺，因有感于"陆羽《茶经》不第建安之品；丁谓《茶图》独论采造之本。至于烹试，曾未有闻"③，遂于皇祐三年（1051）十一月，写成《茶录》二篇（见图8-2），进呈仁宗皇帝。

丁谓、蔡襄之后，宋代文人为建茶北苑茶写书撰文的热情一直持续不衰，直至南宋后期。从数量上来说，宋代传世及散佚茶书共有三十部，其中有关北苑贡茶的就有十六部，占了其中的一半多，它们分别是丁谓《北苑茶录》、蔡襄《茶录》、宋子安《东溪试茶录》、黄儒《品茶要录》、赵佶《大观茶论》、熊蕃《宣和北苑贡茶录》、赵汝砺《北苑别录》、周绛《补茶经》、刘异《北苑拾遗》、吕惠卿《建安茶用记》、曾伉《茶苑总录》、佚名《北苑煎茶法》、章炳文《壑源茶录》、罗大经《建茶论》、范逵《龙焙美成茶录》、佚

---

① 《郡斋读书志校证》卷一二《建安茶录》，第534页。
② 《郡斋读书志校证》卷一二《补茶经》，第535页。
③ 《茶录》，见《中国古代茶书集成》，第101页。

图8-2 《茶录》进表局部

名《北苑修贡记》。

　　除了蔡襄《茶录》、赵佶《大观茶论》、吕惠卿《建安茶用记》、佚名《北苑煎茶法》记录或探讨了建安北苑贡茶的煎点之法外，其余十二部茶书都主要叙述建安茶的生产与制作，间或议论茶叶生产制作的工艺与技术对茶汤最后点试效果的影响。如此众多的茶书专门叙述一个地方的茶叶生产制作与点试技艺，这在中外茶文化史上都绝无仅有。它们使得北苑茶名扬天下，以北苑茶为代表的上品茶的观念深入人心，从此经久不衰。

　　宋代文人为茶著书立说，无形间将茶文化的地位大大提升，点茶茶艺成为为全社会所接受的技艺，茶的文化形象也日益提升，茶的文化内涵逐渐明确、界定，茶的文化性趋向也在更广范围内得到认同。宋代文人所撰著的茶书，为中国茶文化史保存了极具特色的末茶茶艺，他们在茶书及茶艺活动中最重视茶叶的观念一直传延至今，成为中国茶文化的最重要特色之一。

二、宋代文人是茶文化的践行主体

1. 宋代文人是宋代茶文化最主要的实践主体

宋代文人热衷于品饮上品茶或精研于茶艺茶事，在日常生活与社会交往中品饮以北苑贡茶为代表的各类名优茶，以茶会友，以茶消永日，并为之写诗撰文、作书绘画，不遗余力地践行茶艺、茶事与相关文化，以此宣扬茶文化。

最早践行茶文化活动的是北宋初年的文人们，如陶谷雪水烹茶。陶谷曾买得党进太尉家故姬，某夜天大雪，他便命其"取雪水烹团茶"。聚雪烹茗一直是中国茶文化史中的雅事之一，陶谷想必甚觉风雅，便顺口问党家姬道："党太尉家应不识此。"党家姬对曰："彼粗人，安有此景，但能销金暖帐下浅斟低唱，饮羊羔美酒耳。"[1]此事后来成为茶事中的一则典故，元陈德和散曲《落梅风·雪中十事》中即有一

---

① 见皇都风月主人编《绿窗新话》卷下引《湘江近事》"党家姬不识雪景"。《湘江近事》不详撰人，其书已佚。

事为"陶谷烹茶"[①],虞集则写有《陶谷烹雪》诗:"烹雪风流只自娱,高情何足语家姝。果知简静为真乐,列屋闲居亦不须。"[②]亦曾为人入画,如宋元之际的钱选画有《陶学士雪夜煮茶图》。

蔡襄精于茶艺,鉴别茶叶的能力为他人所不及。彭乘《墨客挥犀》记录了蔡襄善于鉴别茶叶的两则轶事。一是关于建安能仁院"石岩白"茶:"蔡君谟善别茶,后人莫及。建安能仁院有茶生石缝间,寺僧采造,得茶八饼,号'石岩白',以四饼遗君谟,以四饼密遣人走京师遗王内翰禹玉。岁余,君谟被召还阙,访禹玉,禹玉命子弟于茶笥中选取茶之精品者,碾待君谟。君谟捧瓯未尝,辄曰:'此茶极似能仁院石岩白,公何从得之?'禹玉未信,索茶贴验之,乃服。"二是能分辨小团杂大团:"一日福唐蔡叶丞秘教召公啜小团。坐久,复有一客至,公啜而味之曰:'非独小团,必有大团杂之。'丞惊呼。童曰:'本碾造二人茶,继有一客至,造不及,乃以大团兼之。'丞神服公之明审。"[③]到了晚年,蔡襄的身体不好,不能饮茶,但他对茶艺依然念兹在兹,难以割舍,《和孙之翰寄新茶》写自己"衰病万缘皆绝虑,甘香一味未

---

① 隋树森编:《全元散曲》,中华书局,1964年版,第1311页。

② 见杨镰主编:《全元诗》,第26册,中华书局,2013年版,第320页。

③ [宋]彭乘:《墨客挥犀》,孔凡礼点校,分见卷四"善别茶"、卷八"蔡君谟辨茶",中华书局,2002年版,第325、371页。

忘情"①，经常亲手点试，捧在手中把玩欣赏。

　　建安北苑贡茶制度化以后，对北苑贡茶的崇尚与赞赏纵贯两宋，如欧阳修在《龙茶录后序》中称"茶为物之至精，而小团又其精者"②，王禹偁《龙凤茶》所得赐龙凤贡茶"样标龙凤号题新……香于九畹芳兰气，圆似三秋皓月轮"③，蔡襄《北苑十咏·北苑》称北苑茶"灵泉出地清，嘉卉得天味"④（见图8-3），林逋《烹北苑茶有怀》赞北苑茶"世间绝品人难识"⑤。而全国各地的名茶特别是像蒙顶茶、天台茶等历史名茶，则始终受到追捧，如文同《谢人寄蒙顶新茶》赞蒙顶茶："蜀土茶称圣，蒙山味独珍"⑥，宋祁的《甘露茶赞》赞甘露茶"厥味甘极"⑦，《答天台梵才吉公寄茶并长句》赞天台茶"佛天甘露流珍远"⑧，欧阳修《双井茶》诗，则同时称赞了当时的一些名茶，如杭州的宝云、越州的日铸、洪州的双井："西江水清江石老，石上生茶如凤爪。穷腊不寒春气早，双井芽生先百草。白毛囊以红碧纱，十斤茶养一两芽。

---

① 《全宋诗》卷三九〇，第7册，第4809页。
② ［宋］欧阳修：《欧阳修全集》卷六十五，李逸安点校，《居士外集》卷十五，中华书局，2001年版，第955页。
③ 《全宋诗》卷六四，第2册，第713页。
④ 《全宋诗》卷三八六，第7册，4763页。
⑤ 《全宋诗》卷一〇八，第2册，第1241页。按：诗题后人所引有作"烹北苑茶有怀"者，文字亦有小异。
⑥ 《全宋诗》卷四三八，第8册，第5355页。按："盛"字至明人周复俊编《全蜀艺文志》时改成"圣"。
⑦ ［宋］宋祁：《宋景文集》卷四七，《全宋文》卷二三，第25册，第41页。
⑧ 《全宋诗》卷二一七，第4册，第2500页。

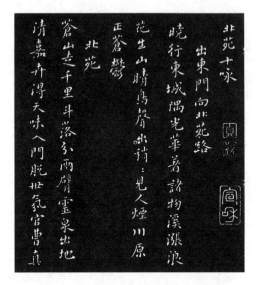

图8-3 蔡襄《北苑十咏·北苑》

长安富贵五侯家，一啜尤须三日夸。宝云日注非不精，争新弃旧世人情。岂知君子有常德，至宝不随时变易。君不见建溪龙凤团，不改旧时香味色。"[1]等等。这些诗文，表明宋代文人是上品茶的坚定追求主体，而由文人主体带动并影响的对上品茶的崇尚与追求，正是中国特色的茶文化的主导行为与核心价值观。

2. 宋代文人以琴棋书画诗酒花践行茶文化

琴棋书画，为中国古代文人四艺，与茶结合之后，更显

---

[1] 《全宋诗》卷二九〇，第6册，第3662页。

清丽风雅。后人曾有以"琴棋书画诗酒花"与"柴米油盐酱醋茶"相对，来指代描述文化生活与日常生活。然而由于茶本身兼具物质与文化特性，故而作为物质消费形式的茶饮，在"琴棋书画诗酒花"的诸种文化生活中，成为一种同样具有文化性的伴衬，诸般文人的风雅情趣生活都与茶联系在了一起，茶成为宋代文人士大夫闲适社会日常生活中的赏心乐事之一。

听琴饮茶，甚为清雅，如梅尧臣《依韵和邵不疑以雨止烹茶观画听琴之会》："弹琴阅古画，煮茗仍有期"[1]；陆游《岁晚怀故人》："客抱琴来聊瀹茗，吏封印去又哦诗"，《雨晴》："茶映盏毫新乳上，琴横荐石细泉鸣"[2]。

品茶弈棋，如黄庭坚《雨中花·送彭文思使君》词有句曰："谁共茗邀棋敌？"[3]陆游《秋怀》："活火闲煎茗，残枰静拾棋。"《六言》之四："客至旋开新茗，僧归未拾残棋。"《山行过僧庵不入》："茶炉烟起知高兴，棋子声疏识苦心。"[4]吴则礼《晚过元老》："煮茗月才上，观棋兴未央"[5]，品茗观棋，兴味盎然。烹茶品茗、弈棋娱乐、吟咏唱和，如李光就因聚会

---

① 《全宋诗》卷二五七，第5册，第3172页。
② 《全宋诗》卷二一七一，第39册，第24657页；卷二一七七，第39册，第24776页。
③ 《全宋词》第一册，第387页。
④ 《全宋诗》卷二二二一，第40册，第25467页；卷二二三四，第41册，第25669页；卷二二三五，第41册，第25679页。
⑤ 《全宋诗》卷一二六八，第21册，第14306页。

烹茗弈棋写有《二月九日北园小集，烹茗弈棋，抵暮，坐客及予皆沾醉，无志一时之胜者，今晨枕上偶成鄙句，写呈逢时使君并坐客》《十月二十二日纵步至教谕谢君所居，爱其幽胜，而庭植道源诸友见寻，烹茗弈棋小酌而归，因成二绝句》诗。①

　　饮茶观画，饮茶试墨书法，都是为宋代文人们所称道的清雅情趣，如前引梅尧臣《依韵和邵不疑以雨止烹茶观画听琴之会》："弹琴阅古画，煮茗仍有期"，琴、茶、画三者兼而有之；苏轼《龟山辨才诗》："尝茶看画亦不恶，问法求师了无碍"②；陆游《闲中》："活眼砚凹宜墨色，长毫瓯小聚香茗"③，则是品茗试墨写书法。而以茶为主题作画，将与茶相关的商旅、市肆及种种社会风俗入画，也是宋代茶事文化活动的重要内容。从徽宗赵佶的《文会图》，到刘松年的《撵茶图》《茗园赌市图》等，宋人画作不仅反映了宋代社会各阶层的饮茶及相关文化活动和风俗，也为茶文化史保存了大量鲜活的宋代茶文化内容。

　　宋人所写茶诗，更是不胜枚举，只陆游一人，便作有与茶相关或有涉茶诗句的诗约三百首。而茶诗如此之多，可从徐玑《赠徐照》诗句"身健却缘餐饭少，诗清都为饮茶

---

① 《全宋诗》卷一四二五、卷一四二七，第25册，第16432、16456页。
② 《全宋诗》卷八〇七，第14册，第9353页。
③ 《全宋诗》卷二一八三，第40册，第24876页。

多"①，明其究竟于其一。茶的精俭之性、至寒之味，清新了诗，清丽了诗。而实在最根本的，是茶的清纯平和淡泊了诗人的心，诗人才得以最本真的生命情感，感触自然，感受生活，感觉所有美好的事物与情绪，咏之以歌，诵之以诗。

　　茶酒有别，宋人一般都如唐人白居易所言"爱酒不嫌茶"②，常在不同的情境下分别饮酒饮茶，如陆游《戏书日用事》："寒添沽酒兴，困喜砭茶声。"③宋人一般在酒后饮茶，如李清照《鹧鸪天》："酒阑更喜团茶苦。"④因为茶能解酒，"遣兴成诗，烹茶解酒"⑤，酒后饮茶可以增加聚会的时间，将欢乐的时光留住并延长："歌舞阑珊退晚妆。主人情重更留汤。冠帽斜欹辞醉去，邀定，玉人纤手自磨香。"⑥而既饮酒又喝茶则是一种悠闲自得生活的象征，如葛长庚《永遇乐》词所描绘："懒散家风，清虚活计，与君说破。淡酒三杯，浓茶一碗，静处乾坤大。"⑦

　　至于茶与花，虽然唐人有花下饮茶"煞风景"之说，但宋人已不再这么认为。宋代人们以花下饮茶为更雅之事。如邹浩《梅下饮茶》："不置一杯酒，惟煎两碗茶。须知高意别，

---

① 《二薇亭诗集》，《全宋诗》卷二七七八，第53册，第32882页。
② ［唐］白居易：《萧庶子相过》，《全唐诗》卷四五○，第5073页。
③ 《全宋诗》卷二二三二，第41册，第25636页。
④ 《全宋词》，第二册，第929页。
⑤ 葛长庚：《酹江月·春日》，《全宋词》，第四册，第2584页。
⑥ 黄庭坚：《定风波·客有两新鬟善歌者，请作送汤曲，因戏前二物》，《全宋词》，第一册，第403页。
⑦ 《全宋词》，第四册，第2574页。

用此对梅花。"① 邵雍《和王平甫教授赏花处惠茶韵》："太学先生善识花，得花精处却因茶。万红香里烹余后，分送天津第一家。"②

而就与茶文化具体相关的活动而言，陶谷雪水烹茶，蔡襄善别茶，叶清臣、欧阳修善鉴水，蔡襄与苏舜元斗茶斗水，唐庚斗茶，蔡襄、陆游、范成大玩习茶艺，刘松年绘茶画，等等，都为中国茶文化增添了别具情致、别开生面的内容，成为后世描摹、吟咏的对象，其中很多成为茶文化史的典故、文化原型和艺术创作中的母题。如唐庚茶事亦为人选入画题，如南宋刘松年所画《唐子西拾薪煮茗图》。

3. 宋代文人是推介点茶茶具的主导者

宋代文人使用并推介多种宜于点茶法的器具，精研点茶法，使点茶法成为宋代主导的饮茶方式，促进了茶具的专门化与多样化。

在唐代，陆羽《茶经》设计煮茶法整套茶具二十四器，推介清饮的煮茶法，使煮茶法成为唐代主流饮茶方式，并使饮食共具的茶具开始了专门化的进程。宋代文人使用并推介多种宜于点茶法的器具，使点茶法成为宋代主流饮茶方式，同时在实际生活中使用多种特质的茶具，促进了茶具的专门化与多样化，并为中国茶具历史留下独特的审美情趣。

---

① 《全宋诗》卷一二四四，第21册，第14058页。
② 《全宋诗》卷三六八，第7册，第4526页。

　　蔡襄《茶录》分为上下二篇，下篇论茶器具，分别为茶焙、茶笼、砧椎、茶钤、茶碾、茶罗、茶盏、茶匙、汤瓶九条，专门讲述宜于点茶法的专用器具九种，从点茶法的角度论述了一应器具及其对茶叶保藏和对最终点试茶汤效果的作用与影响。徽宗《大观茶论》论列茶器具六种：碾、罗、盏、筅、瓶、杓、藏茶竹器。相较《茶经·四之器》中的二十器而言，蔡襄《茶录》、徽宗《大观茶论》中的茶具大为简略，对于辅助、附属性用具尽量从略，绝大多数茶具都集中在茶饮茶艺活动的三个基本要素——茶叶（之藏、炙、碾、罗）、用水（之煮器）及点茶（之茶匙/茶筅、茶盏）上，表明宋代茶艺用具的特性与两宋社会的幽雅之风的高度一致性，表明宋人的关注集中在茶饮茶艺活动的自身。其中砧椎、茶盏、茶匙（北宋中后期改为茶筅）、汤瓶诸项，都是点茶法的专门器具。而在中国茶具发展的历史中，对茶具专门化的进程也是一项重大促进。

　　宋代末茶点饮技艺，从器、水、火的选择到最终的茶汤效果，都很注重感官体验和艺术审美，在茶文化发展的历史进程中有着独步天下的特点。陆羽《茶经》论宜用茶碗之釉色，以青瓷为上，以"越瓷青而茶色绿"，而"青则益茶"[1]，青瓷能够映衬绿色茶汤，有中庸和谐之美。宋代上品茶点成后的茶汤之色尚白，青瓷、白瓷对茶色都缺乏映衬功能，只

① 《茶经校注》，第41、42页。

有深色的瓷碗才能做到，深色釉的瓷器品种有褐、黑、紫等多种，宋代茶具选择出产于建窑的黑色釉盏却是受蔡襄的影响，他在《茶录》中断言："茶色白，宜黑盏，建安所造者绀黑，纹如兔毫……最为要用。出他处者，或薄或色紫，皆不及也。其青白盏，斗试家自不用。"①建窑位于今福建省南平市建阳区水吉镇，兴烧于晚唐五代，两宋时达到鼎盛。徽宗在《大观茶论》中进一步明确表明取用黑釉盏是因其能映衬茶色："盏色贵青黑，玉毫条达者为上，取其焕发茶采色也。"②从此取用黑釉茶盏成为宋代点茶茶艺中的定式。深重釉色的碗壁，映衬着白色的茶汤，这种强烈反差对比的审美情趣在中国古代是不多见的，独具时代特色。而在烧制过程中，盏面形成的兔毫、油滴、玳瑁、鹧鸪、曜变等釉斑纹饰，则又使得原本深重的釉色，有了舞动灵动之感。如蔡襄所收藏的十枚兔毫盏，"兔毫四散其中，凝然作双蛱蝶状，熟视若舞动，每宝惜之"。③釉斑纹饰在深重釉色中的舞动之感，增加了中国茶具审美的多样性和审美层次的饱满丰富。

宋代文人是鉴赏收藏新款茶具的主力军，如上述蔡襄收藏兔毫盏。此外苏轼很喜欢建州所产的茶臼，专札向陈季常借来观摩，好托人至建州按图索骥去购买一副，其《新岁展庆帖》（见图8-4）又称《季常帖》，是一封长信，寒暄之余，

---

① 《中国古代茶书集成》，第102页。
② 《中国古代茶书集成》，第126页。
③ 《铁围山丛谈》卷六，第101页。

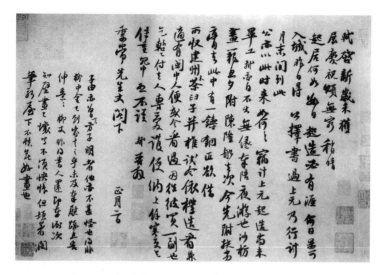

图8-4　苏轼《新岁展庆帖》（现藏北京故宫博物院）

与季常约定见面时日事宜，接着一件大事，商借陈季常的建州木茶臼子，占了本信的不小篇幅，也是人们将此帖视为茶书法的根据。其相关文曰："轼启：新岁未获展庆，祝颂无穷……此中有一铸铜匠，欲借所收建州木茶臼子并椎，试令依样照看。兼适有闽中人便，或令看过，因往彼买一副也。乞暂付去人，专爱护，便纳上。馀寒更乞保重，冗中恕不谨。轼再拜，季常先生丈阁下。正月二日。"大年初二就派人持信到陈季常处借他的建州木茶臼子，目的有二，一是给身边的铸铜匠看一下，想要让铜匠依样做一件铜质的；二是正好有人要去福建，让这人看过茶臼样式，在那儿顺便买一副木制的带回来。从此帖可知建州所产的木茶臼是当时的名产，亦可看出苏轼对这种建州木茶臼的看重与喜爱。黄庭坚喜欢椰壳做的茶具，写有《以椰子茶瓶寄德孺二首》诗，可谓别具情致。文彦博《彭门贤守器之度支（赵鼎）记余生日过形善祝并惠黄石茶瓯怀素千字文一轴辄成拙诗仰答来意》、邵雍《代书谢王胜之学士寄莱石茶酒器》等诗文中所记的石制茶具①，等等，表明了宋代茶具因文人推用发展的多样性。

三、宋代文人是宋代茶文化精神内涵的体验者、赋予者

宋代文人是宋代茶文化内涵的赋予者与体验者，由于茶叶兼具物质与精神的双重属性，既可以寄情，又可以托以言志，宋代文人以茶喻人，将他们的人生体验与感悟，寄之于茶，为宋代茶文化注入并升华了众多的精神文化内涵。

宋儒讲格物致知，从不同的事物中领悟人生与社会的大道理，宋代文人也从茶叶茶饮中省悟到不少的人生哲理。茶的清俭之性为众多文人作比君子之性，他们常以茶砺志修身，以茶明志讽政。同时宋代文人对茶性的认识也从微小处折射出他们对人生与社会的根本态度。

宋代禅宗、儒学与茶文化结缘日深，宋代禅宗的核心是"直指人心，见性成佛"②，与宋儒倡导的"格物致知"内在精

---

① 分见《全宋诗》卷九九八，第17册，第11444页；卷二七三，第6册，第3470页；卷三六七，第7册，第4513页。

② 《正法眼藏》：叶县省和尚示众云："达磨西来，为传东土。直指人心，见性成佛。"董群译，中国佛学经典宝藏，东方出版社，2020年版，第234页。

髓颇为一致。僧徒们以茶参禅，有心向禅的文人们也以茶悟禅。"禅机""茶理"逐渐相融，茶为宋代文人士夫感悟抒发情感提供了深厚的文化背景和重要凭藉。

1. 以茶喻君子秉性

陆羽在《茶经》中言茶之为饮"最宜精行俭德之人"[①]，首次将茶与人的美好品性联系在一起，至宋代，茶因其自身的特性也成为两宋很多人讴歌君子品性的凭藉，文人们将茶与君子的秉性更明确地联系在一起。

欧阳修（1007—1072）是北宋时期著名政治家、文学家、史学家，对北宋文风转变有很大影响。仁宗时参与"庆历新政"，范仲淹等新政人物相继被贬时，欧阳修上书分辩，被指为"朋党"，被贬出朝。神宗熙宁年间王安石实行变法，欧阳修对青苗法有所批评，再度出朝。欧阳修平素喜欢饮茶，在《双井茶》诗中通过茶感悟人情事理，看到双井茶对草茶名品宝云茶、日注茶的超越，固然部分是因为双井茶的品质优越，然而其中也不无"争新弃旧"世态人情的原因。随之，欧阳修笔锋一转，写道："岂知君子有常德，至宝不随时变易。"[②]虽然争新弃旧是人情常态，但是对于固守原则与基本道德规范的君子而言，他所坚持的操守是不会随着世俗喜好的变化而变易的。从茶这一角度来说，宋代最好的茶，

---

① 《茶经校注》，第11页。
② 《全宋诗》卷二九〇，第6册，第3662页。

图8-5　赵孟頫绘《苏轼像》

仍然是建州的龙凤团茶，它的品质、风味一直保持不变，犹如君子之性。

此外，还有王禹偁《茶园十二韵》："沃心同直谏，苦口类嘉言"[1]，以茶味的苦涩象征忠臣苦口直谏；黄庭坚《满庭芳·茶》："一种风流韵味，如甘露不染尘凡"，[2]苏轼《寄周安孺茶》："有如刚耿性，不受纤芥触；又若廉夫心，难将微秽渎"[3]，则以茶的纯真象征君子刚正廉洁的品性；等等。图8-5所示为赵孟頫绘的《苏轼像》。

苏轼一生荣辱相继、坎坷颠沛，幸好一直有茶相伴。苏轼或因任职或遭贬谪，到过许多地方，每到一处，凡有名茶佳泉，他都悉心品尝。在品尝之余，苏轼写下众多的茶诗词文，既写下了他对饮茶一道的独得之秘，又记录了他的生命情感与人生感悟。他在《次韵曹辅寄壑源试焙新芽》诗中，更是将好茶与佳人作比："要知冰雪心肠好，不是膏油首

① 《全宋诗》卷六七，第2册，第761页。
② 《全宋词》，第一册，第401页。
③ 《全宋诗》卷八〇五，第14册，第9327页。

面新"①，因为佳人之美在于其雪清冰洁的本质，而不可能靠膏油粉黛涂抹而成。苏轼还为茶写了一篇拟人化的传记作品《叶嘉传》，以茶为描摹对象，刻画了一个胸怀大志、资质刚劲、风味恬淡、励志清白的君子形象。

> 叶嘉，闽人也。其先处上谷，曾祖茂先，养高不仕，好游名山，至武夷，悦之，遂家焉。……子孙遂为郝源民。

> 至嘉，少植节操，或劝之业武。曰："吾当为天下英武之精，一枪一旗，岂吾事哉！"因而游，见陆先生，先生奇之，为著其行录传于时。方汉帝嗜阅经史时，建安人为谒者侍上，上读其行录而善之，曰："吾独不得与此人同时哉！"曰："臣邑人叶嘉，风味恬淡，清白可爱，颇负其名，有济世之才，虽羽知犹未详也。"上惊，敕建安太守召嘉，给传遣诣京师。

> 郡守始令采访嘉所在，命赍书示之。嘉未就，遣使臣督促，郡守曰："叶先生方闭门制作，研味经史，志图挺立，必不屑进，未可促之。"亲至山中，为之劝驾，始行登车。遇相者揖之，曰："先生容质异常，矫然有龙凤之姿，后当大贵。"

> 嘉以皂囊上封事。天子见之，曰："吾久饫卿名，但未知真实尔，我其试哉。"因顾谓侍臣曰："视嘉容貌如铁，资质刚劲，难以遽用，必槌提顿挫之乃可。"遂以言恐嘉曰："碪斧在前，鼎镬在后，将以烹子，子视之如何？"嘉勃然吐气，曰："臣山薮猥士，幸惟陛下采择至此，可以利生，虽粉身碎

---

① 《全宋诗》卷八一五，第14册，第9428页。"冰"字诸本有作"玉"者。

骨，臣不辞也。上笑，命以名曹处之，又加枢要之务焉。因诚小黄门监之。有顷报曰：嘉之所为，犹若粗疏然。"上曰："吾知其才，第以独学未经师耳。"嘉为之，屑屑就师，顷刻就事，已精熟矣。

上……视其颜色，久之，曰："叶嘉真清白之士也。其气飘然若浮云矣。"遂引而宴之。

少选间，上鼓舌欣然，曰："始吾见嘉未甚好也，久味其言，令人爱之，朕之精魄，不觉洒然而醒。《书》曰：'启乃心，沃朕心'，嘉之谓也。"于是封嘉钜合侯，位尚书。曰："尚书，朕喉舌之任也。"由是宠爱日加。朝廷宾客遇会宴享，未始不推于嘉。上日引对，至于再三。

后因待宴苑中，上饮逾度，嘉辄苦谏，上不悦，曰："卿司朕喉舌，而以苦辞逆我，余岂堪哉！"遂唾之，命左右仆于地。嘉正色曰："陛下必欲甘辞利口然后爱耶？臣虽言苦，久则有效，陛下亦尝试之，岂不知乎！"上顾左右曰："始吾言嘉刚劲难用，今果见矣。"因含容之，然亦以是疏嘉。

嘉既不得志，退去闽中，既而曰："吾未如之何也。已矣。"上以不见嘉月余，劳于万机，神藟思困，颇思嘉。因命召至，喜甚，以手抚嘉曰："吾渴见卿久矣。"遂恩遇如故。……

居一年，嘉告老。上曰："钜合侯，其忠可谓尽矣。"遂得爵其子。又令郡守择其宗支之良者，每岁贡焉。嘉子二人，长曰搏，有父风，故以袭爵。次子挺，抱黄白之术，比于搏，其志尤淡泊也。尝散其资，拯乡间之困，人皆德之。故乡人以春伐鼓，大会山中，求之以为常。

赞曰：今叶氏散居天下，皆不喜城邑，惟乐山居。氏于闽中者，盖嘉之苗裔也。天下叶氏虽伙，然风味德馨为世所贵，皆不及闽。闽之居者又多，而郝源之族为甲。嘉以布衣遇天子，爵彻侯，位八座，可谓荣矣。然其正色苦谏，竭力许国，不为身计，盖有以取之。……①

2. 以茶比类文人情怀和忠臣行为

王禹偁（954—1001）是北宋初期著名政治家、文学家、史学家，平素喜茶，饮茶为其不可少的一种生活内容。王禹偁一生中三次受到贬官的打击，曾写《三黜赋》，申明自己坚守正直仁义、刚强不折的信念。他曾于太宗至道三年（997）贬知扬州时作《茶园十二韵》以茶明志："沃心同直谏，苦口类嘉言。未复金銮召，年年奉至尊。"②扬州土贡新茶，是扬州刺史职责之一，王禹偁勤勉从事，表示在被召回京城之前都会年年认真修贡。在描述茶的特性同时，他托物拟人，以茶寓意，抒发自己的情怀和抱负："沃心同直谏，苦口类嘉言"。好茶入口苦而回味甘，五代吴越人皮光业最耽茗事，曾有诗句"未见甘心氏，先迎苦口师"③，称茶为苦口

---

① ［宋］苏轼：《苏轼文集》卷十三，［明］茅维编，孔凡礼点校，中华书局，1986年版，第429-431页。
② 《全宋诗》卷六七，第2册，第761页。
③ 见［宋］陶谷：《茗荈录》"苦口师"，《中国古代茶书集成》，第91页。

婆心的良师。王禹偁把茶比作苦口的良药，就像用意良善的直言规劝、抗言直谏，能够启沃人心，表明自己不惧打击，坚持苦口良言沃心直谏的意志。

范仲淹（989—1052）是北宋著名政治家、文学家，从小勤奋好学，胸怀远大政治抱负，常以天下为己任。宋仁宗景祐元年（1034）谪守睦州（桐庐郡）时，与幕职官章岷诗歌唱和，写了长诗《和章岷从事斗茶歌》，其中有句云："众人之浊我可清，千日之醉我可醒"①，借茶表明了自己的志向与理想。以茶可以清醒"众人之浊"和"千日之醉"的特性，表明自己经理世事的理想。历经人生几起几落，庆历新政失败后，范仲淹再度被贬官，离开京城。两年后，他应同样遭贬出京任岳州知州滕子京之约请，为其重修的岳阳楼作记，写下传颂千古的名篇《岳阳楼记》。范仲淹在文中认为个人的荣辱升迁应置之度外，"不以物喜，不以己悲"，而要"先天下之忧而忧，后天下之乐而乐"②。此文表现出作者虽然遭受迫害身居江湖之远，仍然心忧国事不放弃理想的理念以及作为一个正直的士大夫立身行事的准则，也将"众人之浊我可清，千日之醉我可醒"所表达的消除众人污浊和千日沉醉的理念提升到了极致。

北宋著名文学家晁补之（1053—1110），为"苏门四学

---

① 《全宋诗》卷一六五，第3册，第1868页。
② ［宋］范仲淹：《范仲淹全集》卷八，［清］范能濬编，薛正兴校点，凤凰出版社，2004年版，第169页。

士"之一。晁补之在《次韵苏翰林五日扬州石塔寺烹茶》诗中写道:"中和似此茗,受水不易节"①,赞叹苏轼心中一直保持着中正平和,遇到种种挫折也不改平生节操志向,就像茶一样,遇水不变本色。

3. 以茶理悟人生,参悟禅理

南宋著名的理学家和教育家朱熹(1130—1200),是程朱学派的主要代表,宋朝理学的集大成者,完成了宋代理学体系。他在潭州岳麓书院、武夷山"武夷精舍"等书院,广召门徒,传播理学,其讲学以穷理致知、反躬实践以及居敬为主旨。日常生活中目所能及的茶,也被朱熹用来讲要从寻常物上格物致知。比如《朱子语类》记其用茶只一味,来讲"理一":"如这一盏茶,一味是茶,便是真,才有些别底滋味,便是有物夹杂了,便是二。"又比如用茶讲天理人欲是随时随地讲求的:"天理人欲只要认得分明,便吃一盏茶时,亦要知其孰为天理、孰为人欲。"②

又曾以茶之物理格物致知比喻社会人生:"先生因吃茶罢,曰:物之甘者,吃过必酸,苦者吃过却甘。茶本苦物,吃过却甘。问:此理如何?曰:也是一个道理,如始于忧勤,终于逸乐,理而后和。盖礼本天下之至严,行之各得其分,则至和。又如'家人嗃嗃,悔厉吉;妇子嘻嘻,终吝',

---

① 《全宋诗》卷一一二四,第19册,第12776页。
② [宋]黎靖德编:《朱子语类》卷十五"大学二",卷三六"论语十八颜渊喟然叹章",王星贤点校,中华书局,1986年版,第304、963页。

都是此理。"①

先苦后甘、回味无穷是茶的物性。宋代饮茶之风盛行，但茶的这一物性却未必人人都能自觉体味。朱熹信手拈来，首先能马上唤起人们的生活体验，接着，朱熹从茶所蕴藏的甘与苦的辩证物性，推导至社会人生"始于忧勤，终于逸乐，理而后和"的辩证道理，也当较易为人们接受。礼是天下最严肃的事，如果人们能够严格地按礼来行事，则可以达到最和睦融洽。就像《易·家人》所言："九三，家人嗃嗃，悔厉吉。妇子嘻嘻，终吝"，非常严酷的人，一旦悔恨其过严，犹保其吉。而平时嘻嘻哈哈的人，最终结果则是悔恨或遗憾的。总之，这些都与"茶本苦物，吃过却甘"的道理是一样。

黄庭坚（1045—1105），北宋著名诗人、词人，宋代四大书法家之一，一生好饮茶，饮茶给他带来身心的极度愉悦。他是北宋佛教居士的名家，与当时很多的文人士夫心态一样，研佛习禅是为了学习佛法，修行自身，寻求心灵的解脱，完善道德，并藉以辅助艺术创作。黄庭坚喜茶习禅，自然而然地，将茶与佛法禅理融于诗中。在《寄新茶与南禅师》诗中，借茶问法求道："石钵收云液，铜铛煮露华。一瓯资舌本，吾欲问三车。"②在《送张子列茶》诗中将佛法与茶相联系，从而得出人生的感悟。"斋余一椀是常珍，味触色香当几尘"③，佛

---

① 《朱子语类》卷一三八"杂类"，第3294页。
② 《全宋诗》卷一〇二〇，第17册，第11649页。
③ 《全宋诗》卷一〇二一，第17册，第11669页。

家有"六尘"说，饮茶有味、触、色、香诸尘；"借问深禅长不卧，何如官路醉眠人"[①]，饮茶而长时间坐禅不眠，此等清净境界，哪是在官路上奔波营求而喝酒醉眠的人能够相比的呢。黄庭坚目睹苏轼的几起几落及至最后的长贬天涯，自己也因《神宗实录》被贬涪州等地，他从茶饮得出了深切的人生感悟。

　　黄庭坚《了了庵颂》末二句"若问只今了未，更须侍者煎茶"[②]，很像是《五灯会元》之类僧史著作中的求法问答。"若问只今了未？"极类于"如何是祖师西来意？""如何是教外别传底事？""如何是平常心合道？"等等禅门中涉及佛法大义的终极追问。"更须侍者煎茶"，则完全是禅师们对这些大问题的"吃茶去"式的回答。在黄庭坚这样信佛修禅的茶人这里，佛法禅机尽在一盏茶中。

4. 诗清都为饮茶多

　　徐玑（1162—1214），字致中，又字文渊，号灵渊（一作困），浙江温州永嘉人（先祖为福建晋江人）。受父"致仕恩"得职，浮沉州县下僚，历任建安主簿、永州司理、龙溪丞等，移武当令，长改泰县令，未到官而卒。他为官清正，守法不阿，为民办过诸多有益之事。嘉定七年卒，年五十九。"诗得唐人句，碑临晋代书"，擅诗歌，善书法，永嘉学派集大成者叶适为其所撰墓志铭记载其："得魏人单炜教书法，心

---

① 《全宋诗》卷一二〇四，第17册，第11710页。
② 《全宋诗》卷二七七七，第53册，第32867页。

悟所以然，无一食去纸笔，暮年书稍近兰亭。"[1]在书法上取得了很高的成就。《宋史》中记其有《泉山诗稿》一卷，今已佚，现存《二薇亭诗集》。

徐玑位居"永嘉四灵"之二。"永嘉四灵"是指南宋四位温州诗人：徐照、徐玑、翁卷、赵师秀，四人名号中皆有"灵"字。"永嘉四灵"是南宋一个重要的诗歌流派，四灵在诗歌理论中倡导学习晚唐体，诗学贾岛、姚合，标榜野逸清瘦的作风。"四人之语遂极其工，而唐诗由此复行矣"[2]，将南宋诗的发展推向了一个全新的层面。四人一生贫病交加，生活无着，政治上找不到出路，诗歌创作几乎是用生命和心血全力惨淡经营，苦吟成篇。徐玑《梅》可以视为他们的自况："是谁曾种白玻璃，复绝寒荒一点奇。不厌陇头千百树，最怜窗下两三枝。幽深真似离骚句，枯健犹如贾岛诗。吟到月斜浑未已，萧萧鬓影有风吹。"[3]所写诗虽然缺乏深广的社会内容和强烈的时代精神，但在艺术表现方面，却有鲜明的个性和独特的风格。"四灵"更多地选择自然作为自己的审美创作对象，写下了不少山水田园诗。元代刘埙评"四灵"诗云："贵精不求多，得意不恋事，可艳可淡，可巧可拙。"[4]

---

① ［宋］叶适：《叶适集》卷二一"徐文渊墓志铭"，刘公纯等点校，中华书局，1961年版，第410页。

② 《叶适集》卷二一"徐文渊墓志铭"，第410页。

③ 《全宋诗》卷二七七八，第53册，第32882页。

④ ［元］刘埙：《隐居通议》卷六《刘五渊评论》之十二"诗文之流变"，王大鹏编：《中国历代诗话选》，岳麓书社，1985年版，第1038页。

徐玑以闲淡自如的抒情方式，写出了很多萧散简远的山水诗和朴质清新的田园诗，诗中流露出自适潇洒之态和野逸之趣，应当是诗人在现实人生苦闷生活之中，放情山水田园、抒情性灵、追求精神解脱的一种艺术表现。

在浮沉下僚的官宦生涯中，徐玑和建安茶有过一段故事，他曾在建安任过监造御茶的低级官吏——建安主簿。宁宗庆元元年（1195），徐玑到福建任建安主簿，所作《建剑道中》描述了建安的风光："云麓烟峦知几层，一湾溪转一湾清。行人只在清湾里，尽日松声杂水声"[1]，诗的格调清新，从中可以看出徐玑初入仕途轻松愉悦的心情以及对未来的期待。从另一位"四灵"诗人徐照所写《谢徐玑惠茶》来看，徐玑还曾将建安茶寄赠最好诗友："建山惟上贡，采撷极艰辛。不拟分奇品，遥将寄野人。角开秋月满，香入井泉新。静室无来客，碑黏陆羽真。"[2]

在《送张尚书出镇建宁》诗中，监管过建安贡茶的徐玑为其描绘了建安官焙茶园中的一些情景，其中有"试茶龙井碧，开砚凤潭清"[3]，建安北苑官焙所在有龙、凤二泉，用以研造贡茶，徐玑则言平时可一以试茶，一以试墨，极尽清雅。

关于徐玑为什么能写出这样清新自如的诗作，清代陈焯在《宋元诗会》中引用明代曹学佺（能始）语认为是因为他

---

[1] 《全宋诗》卷二七七八，第53册，第32885页。
[2] 《全宋诗》卷二六七〇，第50册，第31361页。
[3] 《全宋诗》卷二七七七，第53册，第32857—32858页。

潜心于林壑山水：“耽情丘壑，以故发之咏歌，清真澹远，出于自然。”①“四灵”之一的好友赵师秀在《哭徐玑五首（之一）》诗中则认为是因为徐玑恬淡无欲、心气平和，“心夷语自秀”：“君早抱奇质，获与有道亲。微官漫不遇，泊然安贱贫。心夷语自秀，一洗世上尘。使其养以年，鲍谢焉足邻。”②而徐玑自己呢，则在这些原因之外发现了一个更为清雅的原因——茶。《赠徐照》诗曰：

> 近参圆觉境如何，月冷高空影在波。
>
> 身健却缘餐饭少，诗清都为饮茶多。
>
> 城居亦似山中静，夜梦俱无世虑魔。
>
> 昨日曾知到门外，因随鹤步踏青莎。③

“诗清都为饮茶多”，多么清雅优美的原因。茶的精俭之性、至寒之味，清新了诗，清丽了诗。而实在最根本的，是茶清纯平和，淡泊了诗人的心，诗人才得以以最本真的生命情感，感触自然，感受生活，感觉所有美好的事物与情绪，诵之以歌，咏之以诗。

---

① ［清］陈焯：《宋元诗会》卷四三《徐玑》，文渊阁四库全书本。又见陈增杰：《宋元明温州诗话》，厦门大学出版社，2020年版，第99页。
② 《全宋诗》卷二八四一，第54册，第33836页。“世上尘”之“尘”原作“陈”，据《宋诗钞》卷八四改。
③ 《全宋诗》卷二七七八，第53册，第32882页。

第九章

宋代茶礼

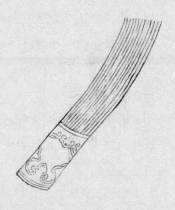

帅副竺

中华自古为礼仪之邦，有礼则"天下国家可得而正也"①。而最初的礼，正是由饮食开始。如《礼记》借孔子之口论述的礼的起源："夫礼之初，始诸饮食。"②唐代以前，茶饮活动主要发生在南方茶产区，以及位于北方的中央王朝的上层社会。目前可见最早的茶礼俗活动是在南方茶产区，客来设茶。从唐代开始，茶借由贡茶进入赐茶、茶宴为代表的礼仪层面。湖州、常州二州的官茶园贡茶，要在清明日举办"清明宴"之前到达首都长安，在荐享宗庙之后分赐近臣，皇帝"赐公卿新火"③，此后清明新火煮试新茶成为风尚，白居易诗曰："出火煮新茶"④。

宋代以后，茶全面进入礼仪之中，成为国礼。政府茶礼包括对内、对外两大方面；对内包括各种场合的赐茶礼、祭奠茶礼、诸王纳妃茶礼、政府办公场所备茶等礼仪，对外有邻国外交中的"外国使臣见辞之茶礼"等。

一、赐茶

唐中期以后，茶叶进入了赐物的行列。就像贡茶成制一样，赐茶在唐也蔚然成习。据《蔡宽夫诗话》，唐茶"惟

---

① 《礼记正义》卷二一"礼运第九"，《十三经注疏》，第3063页。
② 《礼记正义》卷二一"礼运第九"，第3065页。
③ ［宋］蒲积中编：《岁时杂咏》卷十四，史延《清明赐公卿新火》。按，"公卿"，《文苑英华》卷一八〇作"百寮"，《唐诗品汇》卷八一作"百官"，《全唐诗》卷二八一作"百僚"。
④ 《全唐诗》卷四四〇，第4897页。

湖州紫笋入贡，每岁以清明日贡到，先荐宗庙，然后分赐近臣"①。对大臣、将士有岁时之赐和不时之赐,谢赐茶之文在在可见，从众多的谢赐茶文中可知，当时所用之赐茶大抵皆来自贡茶。

　　至五代时，赐茶渐成制度。后唐明宗天成四年（929）三月壬辰，"中书奏，今后群臣内有乞假觐省者，请量赐茶药。从之"②。五月四日"度支奏：准敕，中书门下奏，朝臣时有乞假觐省者，欲量赐茶药，奉敕宜依者。……各令据官品等第指挥。文班：左右常侍、谏议，……宜各赐蜀茶三斤；起居、拾遗……各赐蜀茶二斤、蜡面茶二斤……；国子博士……宜各赐蜀茶二斤、蜡面茶一斤。……武班：左右诸卫上将军，宜各赐蜀茶三斤、蜡面茶二斤。……"③后晋高祖天福五年（940）三月壬申，"诏朝臣觐省父母，依天成例，颁赐茶药"④。

　　颁赐贡茶渐成制度，在茶文化史中，它还具有更为重要的意义，它使茶借助赐茶之机缘得以提升文化价值，从而进入精神文化领域。茶进入赐物后，文人士大夫们从成为赐物

---

①　郭绍虞辑：《宋诗话辑佚》卷下《蔡宽夫诗话》"贡茶"，中华书局，1980年版，第409页。

②　[宋]薛居正等：《旧五代史》卷四〇《唐书·明宗本纪》，中华书局，1976年点校本，第549页。

③　[宋]王溥：《五代会要》卷一二"休假"，上海古籍出版社，1978年版，第211-212页。

④　《旧五代史》卷七九《晋书·高祖本纪》，第1038页。

的茶中，提炼出了较之节俭朴素更为高雅的品位与意蕴，如顾况《茶赋》将"上达于天子""下被于幽人"并用作"赐名臣留上客"的茶，视为"出恒品，先众珍，君门九重，圣寿万春"的高贵物品①。

陆羽《茶经》正好在此前后时间写成，将普通茶饮的物质品性，与士人的人生意趣、精神追求及价值判断等因素两相配合起来，所谓"茶之为用，味至寒；为饮，最宜精行俭德之人"②。同时代的一批文人士大夫，对茶之清幽特性与士人品性、茶之于释道等茶之于文化的诸方面特性，也产生了共同或接近的群体认知，使茶的文化性在社会心理领域有了较为明确的定位，完成了它的初步文化化——亦即文人化的过程。

赐茶在宋代更盛于唐代，在政府部门中已有常设的执掌赐茶的机构，如茶库、内茶纸库、内茶炭库等。都茶房是茶库"旧二库咸平六年合为一，加'都'字"者，"掌受江浙荆湖片散茶、建剑腊面茶，给翰林诸司内外月俸、军食"；内茶纸库"掌供御龙凤细茶及纸墨之物"，内茶炭库"掌供宫城及诸宫宿卫诸班、诸直军士兵卒茶炭、席荐之物"。而茶库的职责之一还有负责供给赏赐用茶，《宋会要辑稿》食货五二之四"茶库"记："江湖、淮浙、建剑茶则归茶库"，

---

① [唐] 顾况：《茶赋》，《全唐文》卷五二八，第5365页。
② 《茶经校注》，第11页。

文下有小注云：“哲宗正史职官志云，以给翰林诸司及赏赉出鬻。”①受赐茶者颇众，遍及大臣、将士、僧道、庶民和四裔。

1．贡茶赐大臣将士

宋代贡茶按质地、銙式、纲次不同而有高下品第，在宋代官僚系统等级森严的封建社会，对大臣的贡茶之赐也经常要按受赐者的官位高下，赐给等第不同的茶叶。这种习俗也是从宋太宗“规模龙凤”之后开始的，其为龙凤茶“规取像类，以别庶饮”②本身就使得各种銙式的茶叶自然而然地显示出等级高下之分。所以从太宗朝开始，“龙茶……赐执政、亲王、长主，余皇族、学士、将帅皆得凤茶，舍人、近臣赐京铤、的乳，而白乳赐馆阁”③。

贡茶在北宋仁宗以后新款送出，由于北宋多数皇帝与皇族对贡茶都有特别的喜好，所以在每款上品贡茶最初出现的年份里，虽宰辅大臣，亦未尝轻易辄赐。这样，物以稀为贵，一旦赐予，受赐之臣无不如获至宝，备感恩渥荣宠。如王禹偁《龙凤茶》：“爱惜不尝惟恐尽，除将供养白头亲”④，梅尧臣《七宝茶》：“啜之始觉君恩重，休作寻常一等夸”⑤。此情

---

① 分见《宋会要辑稿》食货五二之三一四，第5700-5701页。

② 《事物纪原》卷九《龙茶》，文渊阁四库全书本。

③ ［宋］杨亿：《杨文公谈苑》第174条“建州蜡茶”，上海古籍出版社，1993年辑校本，第142页。

④ 《全宋诗》卷六四，第2册，第713页。

⑤ 梅尧臣：《和范景仁王景彝殿中杂题三十八首并次韵其三十二七宝茶》，《全宋诗》卷二六○，第5册，第3303、3309页。

此景，欧阳修在其《龙茶录后序》中表达得淋漓尽致：

茶为物之至精，而小团又其精者，录叙所谓上品龙茶者是也。盖自君谟始造而岁贡焉，仁宗尤所珍惜，虽辅相之臣未尝辄赐。惟南郊大礼致斋之夕，中书、枢密院各四人共赐一饼。宫人剪金为龙凤花草贴其上，两府八家分割以归，不敢碾试，相家藏以为宝。时有佳客，出而传玩尔。

至嘉祐七年，亲享明堂，斋夕，始人赐一饼。余亦忝预，至今藏之。余自以谏官供奉仗内，至登二府，二十余年，才一获赐。而丹成龙驾，舐鼎莫及。每一捧玩，清血交零而已。[1]

小龙团创制、进贡于蔡襄庆历末任福建转运使时，仁宗庆历后的南郊大礼只有皇祐五年（1053）一次，在小团初贡不久，当时小龙小凤岁造各三十斤，斤十饼，共各三百饼，故所赐殊少，中书、枢密两府八家各只得四分之一饼。

季秋大享明堂，是宋代最大的吉礼之一，始议于真宗，始行于仁宗皇祐二年，此后一般三年一行。行此礼后，一般都要"御宣德门肆赦，文武内外官递进官有差。宣制毕，宰臣百僚贺于楼下，赐百官福胙及内外致仕文武升朝官以上粟帛羊酒"[2]。欧阳修于庆历三年（1043）知谏院，嘉祐五年（1060）任枢密副使，次年拜参知政事，七年时赶上一次明

---

① 《欧阳修全集》卷六十五《居士外集》卷十五，第955页。
② 《宋史》卷一〇一《礼志四》，第2467–2468页。

堂大礼。嘉祐七年的明堂大礼赏赐之物，史籍均无记载，从欧阳修为蔡襄《茶录》所写的后序中可知至少有小龙贡茶一项，只不知此后是否为行明堂礼时对两府官员的常赐之物。

至迟到元祐年间，大龙茶的赐予范围业已扩大，已赐及尚书学士等人。苏轼《七年九月，自广陵召还，复馆于浴室东堂。八年六月，乞会稽郡，将去，汶公乞诗，乃复用前韵三首（之一）》诗有云："乞郡三章字半斜，庙堂传笑眼昏花。上人问我迟留意，待赐头纲八饼茶"，并自注曰："尚书学士得赐头纲龙茶一斤，今年纲到最迟"①。苏轼元祐七年（1092）九月自扬州召还为龙图阁学士、守兵部尚书，同年十一月徙端明殿学士、守礼部尚书，属于"得赐头纲龙茶一斤"八饼的"尚书学士"之列。此诗向汶公解释他为何直到六月才乞郡，是因为想等到头纲龙茶赐到后再出朝，这说明哲宗时大龙茶已是对尚书学士等的常规之赐。

皇祐五年（1053）两府四人共赐一饼，嘉祐七年（1062）两府人赐一饼，可见贡茶小龙凤之赐的数量在扩大，这同时也就降低了小龙凤茶的价值。所以神宗元丰时下诏建州造密云龙，"取拣芽不入香，作密云龙茶，小于小团，而厚实过之。"曾肇诗曰"密云新样尤可喜，名出元丰圣天子"，黄庭坚诗"小璧云龙不入香，元丰龙焙乘诏作"，说的都是此事。密云龙茶是当时贡茶最为精绝者，仅供玉食，不作赐予，故

---

① 《全宋诗》卷八一九，第14册，第9485页。

"终元丰时，外臣未始识之"。神宗驾崩，哲宗即位，"宣仁垂帘，始赐二府两指许一小黄袋，其白如玉，上题曰拣芽，亦神宗所藏"①。

　　尽管密云龙茶的赏赐开始时的数量很少，二府八人只有二指许小黄袋末茶，甚至可能更少于欧阳修最初受赐小龙团时的两府八家各四人共赐一饼之量。但是和此前每款极品新贡茶的情况一样，一旦进入赐茶的行列，它的供玉食之外的消费量，亦即用于赏赐的数量，便不可能尽由着赏赐者一方说了算了。受赐者固然荣宠无比，那些未得如此高档赐茶的人，则会向自己获赐的亲知讨要，《画墁录》所谓"亲知诛责，殆将不胜"②。茶有尽而讨要无涯，弄得受赐者不胜其扰。而那些皇亲国戚，则干脆向帝后讨要，所谓"戚里贵近，丐赐尤繁"，以至于"宣仁一日慨叹曰：'令建州今后不得造密云龙，受他人煎炒不得也！出来道我要密云龙，不要团茶。拣好茶吃了，生得甚意智！'"这样的话从反面更加衬托出密云龙茶的宝贵，传出之后反而更加重了人们对密云龙的兴趣，"由是密云龙之名益著"③。所以，只要任何一款贡茶进入赏赐，就无论如何无法控制它的赏赐规模与数量。事实也正是此后赏赐密云龙的数量日益增加，如元祐四年（1089）四月二十四日，赐太师文彦博及宰相、执政官密云龙茶各十

---

① 参见《宣和北苑贡茶录》，《中国古代茶书集成》，第134页。
② 《画墁录》，《全宋笔记》第二编第一册，第211页。
③ 《清波杂志校注》卷四"密云龙"，第154页。

片，秘阁提举黄本翰林学士各六片，馆职官各四片，元祐中又曾赐制举考第官密云龙茶人各三片。此数量与宣仁垂帘之初所赐，显然已不可同日而语。

由于密云龙既供玉食又供赏赐，且赏赐数量日增，较广泛的饮用使得帝王饮用它已显不出专制皇权的独占性，所以到哲宗亲政之后的绍圣间，便改密云龙为瑞云翔龙，以尚帝用，"绍圣初，方入贡，岁不过八团，其制与密云等而差小也"[1]。同时并大量添造上品拣芽，用于赏赐。

到茶皇帝徽宗赵佶之时，更是逐年添造了许多新款贡茶，其中有些茶名如"玉除清赏""启沃承恩"等，看起来几乎就完全是为了赏赐而造而用的。

皇帝给大臣赐茶，不是为了酬劳便是以示恩宠，两者又都有常规与非常规之分。如元丰七年（1084）四月壬辰，朝献景灵宫，从官以上赐茶，自是朝献毕皆御斋殿赐茶，成为定制。这种常规性赐茶，成为宋政府某些礼仪的一部分。此外，对于出使周边辽金夏等国的使臣，宋帝大抵经常赐茶劳问，这也是较为常规之赐。如南宋高宗绍兴七年（1137）夏四月丁酉，以奉使金国日久，诏赐宇文虚中"黄金五十两、绫绢各五十匹、龙凤茶十斤"，赐朱弁"黄金绫帛各三十两匹、茶六斤"；绍兴十三年（1143）八月戊戌，洪皓使金还，"赐内库金币鞍马黄金三百两、帛五百匹、象齿香绵酒茗甚

---

① ［宋］王巩：《闻见近录》，《全宋笔记》第二编第六册，第34页。

众", 都是赏赐劳问出使使臣[1]。不常之赐非常之多,"仁宗朝,春试进士集英殿,后妃御太清楼观之,慈圣光献出饼角子以赐进士,出七宝茶以赐考试官"[2],以及元祐中赐制举考第官茶等都是。

从北宋贡茶与赐茶的过程中,可以看到,贡茶与赐茶之间存在着一种互动互促的关系:贡茶规制的确立,使得赐茶成为常规;而随着赐茶量的扩大,又反而促使贡茶更加质精、品众、量大。

2. 茶药之赐

唐人的诗文中就可见"茶药"一词,如白居易《继之尚书自余病来寄遗非一又蒙览醉吟先生传题诗以美之今以此篇用伸酬谢》:"茶药赠多因病久"[3]。宋代的史籍中经常可看到茶药之赐,如真宗大中祥符四年(1011)冬十月辛丑,遣使赍手诏劳问知河南府冯拯,赐以茶药。冯拯奉诏感动,涕泗交下。又如元符三年(1100)四月丁巳,徽宗初登基,遣中使到永州诏范纯仁复官宫观,并赐以茶药劳问。等等。

劳问大臣并赐茶药,在宋代赐大臣茶事中极为常见,仅苏轼任词臣的元祐二年(1087)一年之中,就撰制赐韩绛、冯京、韩缜、种谊、孙路、游师雄、吕大防、冯宗道、王安

① [宋]李心传:《建炎以来系年要录》卷八七、卷一〇二,中华书局,1988年版,第1442、1668页。
② [宋]王巩:《甲申杂记》,《全宋笔记》第二编第六册,第41页。
③ 《全唐诗》卷四五八,第5207页。

礼等大臣茶药诏书数十件，备载于苏轼文集中，可见宣慰抚问大臣时赐茶药，几成不是定制的制度或习惯。

大臣、内使乞假省觐时，宋代沿袭了五代时的做法，也赐给茶叶等物，如咸平六年（1003）八月"戊辰，赐内园使折惟正祖母路氏诏书、茶药。时惟正请告，诣府州省觐，上闻路氏常训子孙以忠孝，故劳赐之"①。

3. 赐将士茶

茶在唐后期成为军队的常备物资之一，因而在北宋初年军队东征西讨、南征北战忙于统一战争的时候，对参加征伐的军队大面积赐茶的记载经常可见，如：太祖建隆三年（962），湖南割据政权发生内乱，宋军乘机进军。乾德元年（963）二月，假道江陵顺势占有荆南之地，继而于三月攻入朗州，次第平定湖南，一举占有荆湘，是为北宋统一全国并且顺利取得胜利的第一步。四月壬辰，"遣中使赐湖南行营将士茶药及立功将士钱帛有差"②，以示奖励；乾德二年（964）正月乙巳，赐京城役兵姜茶；乾德二年十一月，宋廷发兵六万分道伐蜀，次年正月灭蜀，三月孟昶挈族归朝。四月乙丑，赐西川行营将士姜茶；乾德四年（966）三月己卯，赐沿边将士姜茶；太宗太平兴国五年（980）十月甲午，赐河北缘边行营将校建茶、羊酒；太平兴国八年（983）冬十

---

① 《续资治通鉴长编》卷五五，第1209页。
② 《续资治通鉴长编》卷四，第89页。

月庚寅，赐诸军校建茶有差，并赐诸军荆草茶，人一斤；[①]等等。

由于茶饮兼有消食化瘴等药性，自唐中后期以来，它一直就是军队中必备的军需物资之一。有民俗学家研究认为，现流行于湖南湘阴的姜盐豆子茶，就是南宋岳飞带兵南下至汨罗营田镇准备和杨幺作战时调制的。当时军中士兵腹胀、溏泻、厌食、乏力的病人日见增多，军队的士气和战斗力大受影响。岳飞便教部下用当地盛产的茶叶、黄豆、芝麻、生姜调制成姜盐豆子茶饮用，果然使军中疾病大为减少[②]。这一民俗研究表明了茶在宋代军队中的药用作用。宋初军队中就常有大量的茶叶，如开宝二年（969）闰五月，太祖率伐太原军队还师，北汉主"籍所弃军储，得粟三十万，茶绢各数万"[③]。仅是丢弃的茶就有数万，军中实际所贮用的茶叶数量之巨，由是可见一斑。

宋统一后，诸般事宜逐渐规范化、制度化，因而从此之后，很少再有大规模向将士赐茶的举动，大概茶从此真的成为一种常规性军事储备了。

此后对将士赐茶大抵都是赐驻守沿边境城砦的将领，以

---

① 分见《续资治通鉴长编》卷五、卷六、卷七、卷二一、卷二四，第121、153、169、48、555页。

② 曹进《湘阴茶考略》，见《茶的历史与文化》，浙江摄影出版社，1991年版，第101页。

③ 《续资治通鉴长编》卷一〇，第226页。

示恩渥抚问，如：真宗咸平五年（1002）六月丁卯，赐丰州团练使王承美茶三百斤及银绢各百两疋。承美内属，但依蕃官例给俸，时麟府部署言其贫，故有是赐；大中祥符三年（1010）六月庚戌，"赐石隰州都巡检使汝州防御使高文岯彩二百匹、茶百斤，文岯母在晋州，因其请告宁省，特有是赐"；仁宗景祐元年（1034）四月甲午，赐三路缘边部署、钤辖、将校腊茶；仁宗康定元年（1040）七月丁巳，还曾赐戍边诸军在营家属茶[1]；哲宗元祐二年（1087）八月十日，赐熙河秦凤路帅臣并沿边知州军臣僚茶银合兼传宣抚问；元祐二年九月二日，赐熙河兰会路种谊以下将校银合茶药，抚问刘舜卿兼赐茶药[2]；等等。

总之，宋初赐将士茶，常常将茶作为一种必须但尚未常备的军需物资；全国统一之后，赐将士茶便主要是为了慰劳、抚问与示恩宠，其意义正与赐大臣茶同。只是赐将士茶均为非常规性的，都是根据时、事随机而发，与赐大臣茶另有常规性不同。

南宋初期，全国上下陷于与金人苦战之中，茶税收入成为军队重要的军费来源，但却不再看到对军队将士大面积的赐茶，而只有数次对最高将帅的赐茶。绍兴初，南宋军队中存在着较为严重的恐金心理，甚至在金军后退时也不敢尾随

---

① 分见《续资治通鉴长编》卷五二、卷七三、卷一一四、卷一二八，第1135、1673、2673、3025页。

② 分见《苏轼文集》卷四一，第1197、1199、1200页。

而去收复失地，只有韩世忠一人"独请以身任其责"，绍兴五年（1135）三月甲申，韩世忠率大军发镇江，翌日至淮南，高宗遣中使赐以银合茶药，并亲自写信劳问韩世忠医药饮食的情况，关心奖励抚问之情充溢行间。绍兴六年（1136）六月己酉，"遣内侍往淮南抚问（右仆射）张浚，仍赐银合茶药，以浚将渡江巡按故也"①。可见南宋对将帅的赐茶主要都是为了奖谕和激励，目的性非常明确。

4. 赐僧道茶

从宗教方面来说，宋代是唐五代以来佛教从整体上在官方意识形态中为继续衰落时期，而这时期道教却因统治者的扶持而非常发达，开国之主赵匡胤与著名道士陈抟有着良好的关系，真宗因降天书事件、徽宗因设神道教而都与道教有了极深的渊源关系。

而在真宗、徽宗等帝王与道教的往来关系中，赐茶也起着一个小小的作用：

澶渊之盟以后，由于王钦若与寇准之间的权力斗争，使得真宗反认为澶渊之盟为城下之盟而深感耻辱，常常怏怏不乐，思虑有所行动以洗刷之。

道士贺兰栖真与真宗咸平年间任宰相的张齐贤交往友善，真宗当早闻其名。景德二年（1005）九月，真宗下诏召

---

① ［宋］李心传：《建炎以来系年要录》卷八七、卷一〇二，中华书局，1988年版，第1442、1668页。

贺兰栖真赴阙 :"朕奉希夷而为教，法清静以临民，思得有道之人，访以无为之理。"既至，真宗作二韵诗赐之，并赐其号玄宗大师，赍以茶、帛等物，蠲观之田租，度其侍者①。为此后真宗降天书、封泰山、祀汾阴等大规模崇道活动的先声。

大中祥符四年（1011）二月庚午，真宗祀汾阴行次华阴县，在行宫召见华山隐士郑隐、敷水隐士李宁，赐御诗并茶药束帛，且赐郑隐号贞晦先生。第二天辛未日，真宗行次阌乡县，又召见承天观道士柴通玄，柴在太宗朝时就很有名，真宗问之以无为之要，赐诗及茶药束帛，除其观田租。

天禧元年（1017）八月丁卯，真宗赐阳翟县僧怀峤茶。

等等。

5. 赐庶民茶

为了表现有道明君与太平盛世，两宋很多帝王常会在上元节等节日时赐酒给京城民众，甚至全国民众，并且这似乎是从前代传下来的传统。

到了宋代，由于茶叶生产与饮用的普遍化、日常生活化，及贡茶与赐茶活动的双向发达，也由于宋初以来文人士大夫们发展了唐中后期以来文人们对茶的赞誉，人们对茶与酒的功用有了更为明确的认识，茶日益成为民众日常生活中不可缺少的用品之一，以至于王安石曾说 :"茶之为民用，等

---

① 见《续资治通鉴长编》卷六一、《宋史》卷四六二《贺兰栖真传》。

于米盐，不可一日以无。"①所以，帝王的赐茶很早也就及于普通民众，以示恩幸，并屡屡见于记载：

真宗咸平二年（999）十二月壬戌，真宗巡幸河北，行次澶州，登临河桥，赐澶州父老锦袍茶帛；

咸平五年（1002）十二月壬午，京城一百十九岁老人祝道喦率其徒百五十四人上尊号，真宗叹其寿考，赐爵一级，余人赐茶帛等；

大中祥符元年十月癸丑，真宗泰山封禅后，宴近臣、泰山父老于殿门，赐父老茶；

大中祥符四年（1011）春正月甲辰，真宗祀汾阴，发西京至慈涧顿，赐道旁耕种民茶茀；

天禧元年（1017）六月壬申，赐西京父老年八十者茶，除其课役；

仁宗天圣元年（1023）三月丙子，赐西京父老年八十以上者茶，人三斤；

天圣二年（1024）九月辛卯，仁宗往祠太一宫，赐道左耕者茶帛；

天圣三年（1025）四月癸酉，汉州德阳县均渠乡邑民张胜析木有文曰"天下太平"，张胜自然将此祥瑞献上，因而改乡名为太平乡，并赐张胜茶帛；

天圣三年五月癸巳，仁宗幸御庄观刈麦，闻民舍机杼

---

① ［宋］王安石：《王文公文集》卷三一《议茶法》，第366页。

声，赐织妇茶帛；

天圣九年（1031）九月癸亥，仁宗往祠西太一宫，赐道左耕者茶帛；

明道二年（1033）三月癸酉，仁宗幸洪福寺，还，赐道旁耕者茶；

庆历五年（1045）冬十月庚午，仁宗幸琼林苑，遂畋杨村，遣使以所获驰荐太庙，召父老赐以饮食、茶绢；

神宗元丰三年（1080）五月乙酉，许州升为颍昌府，颍昌孙京等六百二十二人诣阙谢，赐京紫章服，赐其余颍昌府父老茶綵有差[①]；

…………

大中祥符元年（1008）二月壬辰，真宗御乾元门观酺，赐京城父老千五百人茶[②]。

从以上不完全统计的记载中可以看到，宋帝赐庶民茶的随意性极强，绝对没有什么常规性或制度性可言，往往是其他某项重大活动的附属行为。如真宗在亲往澶州前线时赐澶州父老茶，在封禅往返时赐所过当地父老茶；再如在帝王巡幸途中，赐道边耕织者茶等，这些都是帝王巡幸礼中一个小

---

① 以上分见《续资治通鉴长编》卷四五、卷五三、卷七〇、卷七五、卷九〇、卷一〇〇、卷一〇二、卷一〇三、卷一〇三、卷一一〇、卷一一二、卷一五七、卷三〇四各该日记事，第971、1170—1171、1573、1709、2068、2318、2366、2379、2381、2566、2606、3804、7410页。

② 《宋史》卷七，第135页。

小的组成部分，但它的发生更为随意，只有一项，即赐年长者（往往是八十岁以上者）茶，倒是比较经常，是相对常规性的一种。南宋程大昌七十岁生日时，宋帝遣使赐茶药等，程写《好事近》词一首记叙此事曰："岁岁做生朝，只是儿孙捧酒。今岁丝纶茶药，有使人双授。圣君作事与天通，道有便真有。老去不能宣力，只民编分寿。"[1]他认为自己七十岁生日便获赐茶药，与赐庶民年八十以上者茶药的惯例相比较是与"民编分寿"，从侧面说明了赐庶民年八十以上者茶药的常规性。

统观宋帝对庶民百姓的赐茶物，一般不外时服、茶、彩、束帛等，都是具有相当价值的实用性物品。由于北苑贡茶激起对名茶消费的热情，使得赐茶在其实用价值之上又附加了无法用数字统计的无形价值，因而赐茶是那种庶民很渴望又很少能够得到的物品，宋帝以茶作为赐物，必然能在加强其与民众亲和性方面起到重要的作用。

6. 赐四裔茶

因为物质资源单调或匮乏致使饮食结构欠佳，中国西南、西北地区的少数民族，宋以后在饮食方面表现某种对茶饮产生依赖的倾向，这某种程度的依赖性发展至今，便表现在很多少数民族与茶有关的某些特别的饮食习惯上。

---

[1] 《全宋词》第三册，第1529页。程大昌另有一首《减字木兰花》词言"做了生朝逾七十"。

从唐中后期以来，茶便是中原政权与周边少数民族地区间贸易的一项重要内容，不少少数民族为了获得他们生活中相当依赖的茶，不惜以封建社会中的重要战争资源——马来进行相关交易，由此便出现了对双方来说都比较重要的茶马贸易。为了不给强邻提供战争资源，辽圣宗曾于统和十五年（997）秋七月辛未下诏禁止吐谷浑别部鬻马于宋，而渴望得到战马的宋朝，则于景德二年（1005）八月乙巳下诏泾、原、仪、渭等边境州"蕃部所给马价茶，缘路免其算"①，为与周边少数民族的茶马贸易大开方便之门。茶也因而成为中原政权与少数民族地区经济与外交、政治关系中的一个重要方面。

在宋代，正常而经常性的边境地区的贸易，是和平的民族、地区间关系的要求及体现，宋政府也经常用茶叶作为周边关系交往中的一个重要筹码，在没有正常边境贸易的少数民族地区，赐茶便因而扮演了一个重要的政治、经济、军事的角色，有时甚至起到上述三种因素都无法直接起到的作用。

仅在北宋一代，对周边少数民族赐茶行为的记载就不下数十起，宋政府时而用茶作诱饵，时而用茶作筹码，时而用茶作奖赏。由于赏赐次数众多，原因、目的及最后所起作用不一。

---

① 《续资治通鉴长编》卷六一，第1360页。

　　据研究统计，北宋时期大约有三十余次对四裔赐茶的记录，从中可以看到，对周边少数民族定时岁赐茶约十次，分别针对五六个民族，表明茶在稳定民族关系中的作用；以茶作诱饵，企图使蕃夷归顺或效命者共四次，其中又有三次专门针对西夏，而只有一次收到了引诱的效果，茶等物质利益的诱惑在最终并没能够阻止西夏成为一个独立的王国；而对邈川七次赐茶、对西凉府六谷部二次赐茶、对吐蕃及蕃部的五次赐茶，则表明宋政府对臣服的少数民族政权保持着经常性的茶叶赐予，常常以赐茶等物品作为奖励，茶也因此在宋代对四裔周边少数民族的关系中具有了重要的媒介地位。

　　而对西夏自元昊以后岁以为常的赐茶三万斤等物，则早已不再是显示恩渥的岁赐，只能算作是购买和平的"岁币"了。

　　至于宋对辽的岁币中为何无茶一项，一是因为宋辽间经常保持有正常的边境贸易，如雄州等地的榷场，真宗咸平五年四月癸巳，知雄州何承矩上言曰："去岁以臣上言，于雄州置场卖茶，虽赀货并行……"[1]，虽此后间有关闭停止，总体来说还是开放的时间长；二是因为辽可从宋辽在重要节庆日互赠往来的礼物中得到大量的茶叶，以满足辽皇室的消费需求。南宋以后，金人所需之茶"自宋人岁供之外，皆贸易于

---

[1] 《续资治通鉴长编》卷五一，第1128页。

宋界之権场"①，与辽的情况相同。

二、政府茶礼仪

　　饮食是人类生存的基本条件，而人与神的关系是人类关于世界的意识中最早的重要内容之一。相传中国太古时饮酒便与祭神等仪礼相关，《礼记·礼运》："汙尊而抔饮，……犹若可以致其敬于鬼神。"②周朝之后，祭酒则成为祭神典礼中不可或缺的仪礼之一，酒礼也成为朝会、社交、聚会中的重要仪礼。有人以《南齐书》卷三《武帝纪》所记南齐武帝萧赜于永明十一年（493）七月所下遗诏为以茶用于祭祀的明证，诏曰："我灵上慎勿以牲为祭，唯设饼、茶饮、干饭、酒脯而已。天下贵贱，咸同此制。"③虽此诏本义在于倡导节俭，茶却由此进入仪礼。

　　唐宋之际，以茶待客的习俗逐渐形成，宋代政府仪礼中也纳入了很多茶礼，因为礼在中国古代历史文化中具有较强的折射功能，宋代的茶礼也从某些特定的角度反映了宋代政治生活的一些特性。

　　每当国家举行重大典礼或常规仪式时，茶礼都是宋廷的一大正式礼仪。宋代常规的茶礼仪，有祭奠茶仪、日常茶

---

① ［元］脱脱：《金史》卷四九《食货四》，中华书局，1975年版，第1107页。
② 《十三经注疏》，第1415页。
③ ［南朝梁］萧子显：《南齐书》卷三《武帝纪》，中华书局，1972年版，第62页。

仪、交往性茶仪、赏赐茶仪等。一般在朝堂举行的茶礼仪都由茶酒班、茶酒班殿侍等专门执役供奉，他们在帝王出行时都要跟从。自北宋初年起，宋帝庞大的行幸仪卫中就有"茶酒班祗应殿侍百五十七人"。宋帝车驾幸青城、太庙的仪仗队中，均有"下茶酒班一铺，三十一人"。徽宗政和大驾卤簿中有"茶酒班执从物一十人"。南宋绍兴卤簿中有"茶酒新旧班一百六人（孝宗省为四十四人）""茶酒班执从物殿侍二十二人"。驾后部另有"茶酒班执从物五十人（孝宗省为三十人）"①。而南宋帝王四孟驾出时跟从的仪卫有：茶酒班、茶酒班殿侍（各三十一人）、茶酒班殿侍（两行各六人执从物居内）等②，他们负责一般茶礼仪，而帝王御用的茶饮则由翰林司供奉。

宋帝在大礼、御宴时的茶礼部分都是由翰林司负责的。考之《事物纪原》卷六《翰林》，北宋初年有茶床使，后止称翰林使③，太宗朝有兼翰林司公事。至迟，太平兴国三年（978）以前，已设翰林司。元丰改制后隶光禄寺。崇宁二年（1103）五月十四日，并入殿中省太官局，但存其官司。迄南宋，翰林司与翰林院、学士院并置不废。翰林司掌供奉御酒、茶汤、水果以及皇帝游玩、宴会、内外筵设事；兼管翰

---

① 以上分见《宋史》卷一四四、卷一四五、卷一四七，第3386页，第3417、3419页，第3443、3444页。
② 《武林旧事》卷一《四孟驾出》，《全宋笔记》第八编第二册，第11页。
③ 《事物纪原》卷六，文渊阁四库全书本。

林院执役人名籍，拟定轮流值宿翰林院名单上奏；祠祭供设神、食支拨冰雪，等等。与五代时茶酒库使、翰林茶酒使的职掌庶几相近。别称有二，一茶酒局。《东京梦华录》卷一"内诸司"条："翰林司，茶酒局也。"[1]二茶酒司。《宋东京考》卷三"诸司"条："翰林司，即茶酒司也。"[2]

宋代宫廷大宴中饮酒、用茶，进盏献乐，诸习俗为后世社会习俗所容纳。1985年在山西省潞城县崇道乡南舍村发现"万历二年（1574）正月十三日抄立"的《迎神赛社礼节传簿四十曲宫调》，记载了当地迎神赛社供馔献乐的形式。它记载迎神赛社每天供献七盏酒数，其间夹杂各类节目，在载述汉将二十八宿分封故事完毕之后，接着的礼节仪式：

> 众臣于殿前谢恩礼毕，帝传旨：御厨司造膳，光禄司（寺）进酒，翰林院捧茶，教坊司奏乐。金銮殿君臣饮酒，筵排八盏八趁（珍），选乐部征工大吹大擂，歌舞奏乐，君臣欢醉而散。

其中，在宫廷大宴中由"翰林院捧茶"的仪式，颇有宋代宫廷大宴之遗风[3]。

---

① 《东京梦华录注》卷一《内诸司》，第41页。

② ［清］周城：《宋东京考》卷三《诸司》，单远慕点校，中华书局，1988年版，第41页。

③ 参见廖奔：《〈迎神赛社礼节传簿〉研究》，《宋元戏曲文物与民俗》，文化艺术出版社，1989年版。

三、祭奠茶礼仪

茶最初进入礼仪是从南齐武帝萧赜开始的。武帝于永明九年（491）"诏太庙四时祭，……高皇帝荐肉脍、菹羹，昭皇后茗、粣、炙鱼，皆所嗜也"[①]，用昭皇后生时喜欢饮用的茶茗祭祀她。武帝又于永明十一年（493）七月下遗诏以茶用于自己的祭祀，也就是说最早的茶礼是祭祀茶礼。唐人亦以茶祭祀。贞元十三年（797），河南府济源县令张洗树碑列举新置祭祀济源公的祭器等一千二百九十二事中，有"鹿茶碗子八枚，茶锅子一并风炉全，茶碾子一。"[②]……"村祭足茗粣"[③]。

1. 景灵宫四孟朝献、祭飨用茶

景灵宫是宋代帝王家庙，与太庙供奉历代宋帝神主不同的是，景灵宫供奉历代宋帝、后的塑像。北宋时，皇帝亲往朝献景灵宫，"执事者以琖奠茶奠酒"，朝献景灵东宫时，"内侍以茶授执事官，太常卿奏请跪进茶（神御殿即奠茶）"，在神御殿圣像前"皇帝进酒、再进酒、三进酒，如进茶之仪（神御殿即三奠酒）"[④]。

南宋高宗后期建成的景灵宫，前为圣祖殿，宣祖以后各

---

① 《南齐书》卷九《礼志上》，第133页。
② 《金石萃编》卷一〇三，张洗《济渎庙北海坛祭器碑》。
③ 《全唐诗》卷六一〇，第7041页。
④ ［宋］郑居中等：《政和五礼新仪》卷一一三《朝献景灵宫·望燎》、卷一一四《朝献景灵东宫》，文渊阁四库全书本。

宋帝殿居中，"岁四孟飨，上亲行之。帝后大忌，则宰相率百官行香，僧道士作法事，而后妃六宫皆亦继往。……景灵宫用牙盘"①。每岁行四孟之飨时，"千乘万骑，驾到景灵宫入次少歇，奏请诣圣祖殿行礼，以醴茗蔬果麸酪飨之"②，用茶醴蔬果麸酪之类物品祭飨。

2. 先皇帝后忌日祭奠用茶

先皇、皇太后忌日，两宋一般都是以行香、奉慰为仪，"凡大忌，中书悉集；小忌，差官一员赴寺"③。《政和五礼新仪》规定，忌日祭典奉慰在行香之外还要行奠茶仪，其礼为："……诣香案前，搢笏，上香，跪奠茶，讫，执笏兴，降阶复位，又再拜。"④

3. 荐献、奏告诸陵之礼用茶

"凡诸陵荐献……孟夏荐茶豕麦含桃李"。奏告诸陵上宫、下宫时的茶礼相同，执事官诣神御香案前三上香："执事者奉茶酒，告官跪执醆，酹茶三。"⑤

4. 丧葬之礼用茶

丧葬之礼分为两部分。

---

① 见《朝野杂记》甲集卷二《太庙景灵宫天章阁钦先殿诸陵上宫祀式》，中华书局，2000年版，第70页。
② 《梦粱录》卷五《驾诣景灵宫仪仗》，浙江人民出版社，1980年版，第37页。
③ 《宋史》卷一二三《礼志二十六·忌日》，第2888、2891页。
④ 《政和五礼新仪》卷二〇七《忌辰群臣诣景灵宫》，文渊阁四库全书本。
⑤ 《政和五礼新仪》卷五《祭器》、卷十《奏告诸陵上宫·行事》，文渊阁四库全书本。

一是宋朝国丧礼。宋朝国丧，外国使者入吊，其仪为上香、奠茶酒、读祭文。宋政府对入吊的使者一般都要赐予茶酒。

英宗之前，外国使者来吊丧后辞行时，都要于紫宸殿赐酒五行，英宗即位后就改为在紫宸殿命坐赐茶，"自是，终谅闇，皆赐茶"①。

二是外国丧礼。凡外国丧，告哀使至，常"增赐茶药及宣抚传问"②。

此外还有太子丧礼用茶。乾道三年闰七月二日，庆文太子丧礼，"宰臣升诣香案前，上香、酹茶、奠酒"③。

四、常规茶仪

大宴是宋代皇帝举办的重大宴会，与宴者有宰执百僚等。建国当年的建隆元年，"大宴于广德殿，酒九行而罢"④。随着贡茶赐茶日益深入广大，茶也进入重大宴会等常规礼仪中。

1. 天子诞节赐茶

《铁围山丛谈》卷二记："国朝故事，天子诞节，则宰臣率文武百僚班紫宸殿下，拜舞称庆，宰相独登殿捧觞，上天

---

① 《宋史》卷一二四《礼志二十七·外国丧礼及入吊仪》，第2900页。
② 《宋史》卷一二四《礼志二十七·外国丧礼及入吊仪》，第2897页。
③ 《宋史》卷一二三《礼志二十六·庄文景献二太子横所》，第2880页。
④ 《宋史》卷一一三《礼志十六·宴飨》，第2684页。

子万寿，礼毕，赐百官茶汤罢，于是天子还内。"[①]

宋人对天子诞节具体飨宴礼仪没有记载，而受唐宋文化影响至深的辽代礼仪可资借证，《辽史》卷五十四《乐志》"皇帝生辰乐次"载具体行仪如下：

酒一行，觱篥起，歌。

酒二行，歌，手伎入。

酒三行，琵琶独弹。

　　　　饼、茶、致语。

　　　　食入，杂剧进。

酒四行，阙。

酒五行，笙独吹，鼓笛进。

酒六行，筝独弹，筑球。

酒七行，歌曲破，角抵。[②]

2. 朝献景灵宫赐从官茶

神宗元丰七年（1080）四月壬辰，"朝献景灵宫。……仍宣从官以上赐茶。自是朝献毕，皆御斋殿赐茶"[③]。遂成常制。

3. 幸宫观寺院赐茶

宋帝游幸宫观寺院，一般都在神像前行礼，礼成后即要赐诸寺茶绢之物，按寺院等级，赐物之礼亦有等第。如"仁

---

① 《铁围山丛谈》卷二，中华书局，1983年版，第25页。
② ［元］脱脱等：《辽史》卷五四，中华书局，1974年版，第891-892页。
③ 《续资治通鉴长编》卷三五四，第8280页。

宗景祐三年（1036），诏阁门详定车驾幸宫、观、寺、院支赐茶绢等第"①。

是为帝王游观礼中的一部分。

4. 巡幸赐茶

帝王巡幸，劳动所过地方，但帝王自己并不觉其扰，并常行赐物之礼以显其宠幸，赐物之中亦常有茶。

如太祖巡幸之时，"所过赐……父老绫袍、茶帛"，"所幸寺、观，赐道释茶帛，或加紫衣、师号"②。

5. 阅武后赐茶

皇帝在大教场等地阅兵，照例犒赏三军，赐随从文武官员宴会，并赐茶酒，受赐者谢赐奏福后礼毕。

乾道二年（1166）十一月，孝宗幸候潮门外大教场，次幸白石教场，阅武后，"就逐幕次赐食，俟进晚膳毕，免奏万福，并免茶"③。酒饭后赐茶饮，是常规礼仪，不赐便要特别写出，亦可从反面见出此礼仪的常规性。"淳熙己酉（1189）二月二十八日，车驾幸候潮门外大校场大阅。……大阅毕，丞相、亲王以下赐茶。"④则是正面记之。

6. 赐翰林学士茶

宋代翰林学士颇受重视，多有礼遇。翰林学士初除馆

---

① 《宋史》卷一一三《礼志十六·游观》，第2697页。
② 《宋史》卷一一四《礼志十七·巡幸》，第2704页。
③ 《宋史》卷一二一《礼志二十四·阅武》，第2832页。
④ ［宋］陆游：《老学庵笔记》卷一，中华书局，1979年版，第5页。

职，命坐赐茶。草诏称旨，亦有赐茶之例。

7. 视学赐茶

宋代以文治立国，始重文士、重教育，政府办太学、国子监，以培养士人。

两宋历朝皇帝对太学都很重视，多有视察。而"车驾幸太学，则有恩例，盖古之养老尊贤之故事"[①]。开始时赐的是酒。元丰间神宗车驾幸学，人赐酒二升，"诸斋往往置以益之，曰'奉圣旨得饮'，遂自肆，致有乘醉登楼击鼓者。因是遇赐酒即拘卖，以钱均给"[②]。监生、太学生们以赐酒为名纵饮生事，有丧斯文，结果，有关方面此后将赐酒折卖成钱均分给大家。再后来帝王视学干脆不再赐酒而改为赐茶。"哲宗始视学，……御敦化堂，……复命宰臣以下至三学生坐，赐茶。"徽宗幸太学，礼仪甚为繁缛，但"阁门宣坐赐茶"依旧[③]。

南宋以后，虽对多种礼仪简化更改，但帝王视太学依旧，高宗、孝宗、宁宗、理宗都曾亲幸太学，赐随行宰执百官、太学讲官、太学三舍生之茶礼一如北宋时然[④]。《武林旧事》卷八《车驾幸学》记录了南宋帝王的一次视学过程中的

---

① ［宋］赵升：《朝野类要》卷一《典礼·幸学》，王瑞来点校，中华书局，2007年版，第27页。
② 《清波杂志校注》卷四《赐监生酒》，中华书局，1994年版，第173页。
③ 皆见《宋史》卷一一四《礼志十七·视学》，第2708页。
④ 《宋史》卷一一四《礼志十七·视学》，第2709页。

茶礼，宋帝入太学拜过孔子、听讲读过经义后，"御药传旨宣坐，赐茶，讫，舍人赞，躬身不拜，各就坐，分引升堂席后立，两拜，各就坐。翰林司供御茶讫，宰臣以下并两廊官赞吃茶"[①]，自宰臣以下降阶再拜，整个视学之礼才告完成。

8. 入阁仪中赐茶

入阁之仪乃唐之旧制，五代荒废。宋朝建立后又复议行之，至熙宁三年（1070），应知制诰宋敏求上疏请，诏学士韩维等增损裁定入阁仪，文武官员按班次序列依次起居拜见皇帝于文德殿，随后分班出，"亲王、使相、节度使至刺史、学士、台省官、诸军将校等并序班朝堂，谢赐茶酒"。"其日，赐茶酒，宰臣、枢密于阁子，亲王于本厅，使相……于朝堂，管军节度使……于客省厅"[②]，各依官品高下，于相宜处所受赐、饮用茶酒，互不干扰，仪礼井然。

9. 大臣赴宴赐茶

"乾道八年（1172）十二月，诏今后前宰相到阙，如遇赴宴赐茶，其合坐墩杌，非特旨，并依官品。"[③]

此大约为宴前赐茶饮。

10. 诸王纳妃用茶

宋代茶进入婚礼，多列于对女方的聘礼中，取其不移之

---

① 《武林旧事》卷八《车驾幸学》，《全宋笔记》第八编第二册，第108页。
② 《宋史》卷一一七《礼志二十·入阁仪》，第2769-2771页。
③ 《宋史》卷一一三《礼志十六·宴飨》，第2691页。

义。两宋诸王纳妃的聘礼中，有"茗百斤"[①]。

11. 群臣朝觐出使宴钱之茶仪

外任官员回京朝觐皇帝，或群臣出使回朝，宋政府一般都有赐酒食之礼遇。群臣朝贺，在赐衣、奉慰之外，一般"并特赐茶酒，或赐食"。每年冬季朝会时，"自十月一日后尽正月，每五日起居，百官皆赐茶酒，诸军分校三日一赐"。南宋以后，一仍北宋旧制，"凡宰相、枢密、执政、使相、节度、外国使见辞及来朝，皆赐宴内殿或都亭驿，或赐茶酒，并如仪"[②]。

12. 外国使臣见辞之茶礼

外国使臣入宋至京师时，宋政府一般都派员在都城门外接引，并设茶酒招待。入京后，皇帝传旨宣抚，都要赐茶。辞别归国，亦会同样有颁赐茶礼。

契丹使臣入宋，宴会之日及辞行之日，都由宋帝亲自到场，酒食之余，常传宣茶酒，受赐使臣拜谢茶酒。如前所述，《辽史》卷五十四《乐志》"曲宴宋国使乐次"载辽人具体行仪亦可资借鉴：

酒一行，觱篥起，歌。

酒二行，歌。

酒三行，歌，手伎入。

---

① 《宋史》卷一一五《礼志十八·诸王纳妃》，第2735页。
② 皆见《宋史》卷一一九《礼志二十二·群臣朝使宴钱》，第2801页。

酒四行，琵琶独弹。

饼、茶、致语。

食入，杂剧进。

酒五行，阙。

酒六行，笙独吹，合法曲。

酒七行，筝独弹。

酒八行，歌，击架乐。

酒九行，歌，角抵。①

北宋末年，金国迅速崛起，北宋君臣对金国的实力及野心都不甚了解，只想借金人之力消灭宿敌契丹，而己方乘机大捞实惠，金国在军事进展极为顺利之时，派徒姑旦、乌歇、高庆裔等出使北宋，徽宗对金使招待甚为丰厚，"屡差贵臣主宴，赐金帛不赀，至辍御茗，调膏赐之。"想通过这种办法来打混战，但高庆裔"颇知史书"，并不以个人受到优待而忘却所负的使命，强烈要求宋方至少以对待契丹的外交礼仪等级对待金国。徽宗无奈，只好从之。辞别之日，又诏梁师成"临赐御筵，器皿供具皆出禁中，仍以绣衣、龙凤茶为赆"②。北宋先在外交上就输给了金国。但其中足以可见茶在宋金交往初期的作用。

南宋的大部分时间里，金一直为宋之强邻，加有灭北宋

---

① 《辽史》卷五十四《乐志》，第892-893页。
② 《续资治通鉴长编拾补》卷四五，"宣和四年九月乙丑"条，第1378页。

之余威、囚二帝之事实，尤其在南宋前期，宋政府对金国的使者一直极其礼遇，其中就有很多茶礼。金使距临安府尚有五十多里时，南宋就派陪同的伴使迎接并以酒食招待，行至杭州城北的税亭时，又行茶酒招待，入城门后客于都亭驿，参见宋帝后，"退赴客省茶酒"，然后参加正式的招待宴会，陛见日，一般都要赐其"茶器名果"。金使辞行日，皆赐茶酒，次日临行，还要"加赐龙凤茶、金镀盒"等物[1]，曲尽奉迎之能事。

五、赏赐性茶仪

1. 学士抄国史赐茶

蔡绦《铁围山丛谈》卷二记："吾尝读欧阳文忠公集，见其为学士时抄国史，仁庙命赐黄封酒、凤团茶等。后入二府，犹赐不绝。国家待遇儒臣类如此。"[2]其所见为欧阳修自注《惑事》诗句"烦心渴喜凤团香"，文曰："先朝旧例，两府辅臣岁赐龙茶一斤而已。余在仁宗朝作学士兼史馆修撰，尝以史院无国史，乞降一本以备检讨，遂命天章阁录本付院。仁宗因幸天章，见书吏方录国史，思余上言，亟命赐黄封酒一瓶、果子一合、凤团茶一斤。押赐中使语余云：'上以学士校新写国史不易，遂有此赐。'然自后月一赐，遂以为

---

[1] 《宋史》卷一一九《礼志二十二·金国聘使见辞仪》，第2810页。
[2] 《铁围山丛谈》卷二，第37页。

常。后余忝二府，犹赐不绝。"[1]

2. 进书赐茶礼

两宋都很重视修史，纂修官进呈国史、实录、日历时，都有专门的仪式典礼，仪礼中对负责文字的官员又另有青眼相加，有赐茶之礼，即"次引国史实录院、日历所、编修经武要略所、玉牒所点检文字以下一班当殿面北立定，……传旨宣坐赐茶讫"，奉安所进史籍于专门藏书之阁后，礼毕。[2]

六、政府茶礼

1. 都堂点茶

宋朝善待士大夫，讲读官但凡入阁侍讲，亦必"先赐坐饮茶"，然后才正式入阁开讲[3]。在政府日常公务活动中，对大臣常有茶饮款待。朱彧《萍洲可谈》卷一记载：

> 宰相礼绝庶官。都堂自京官以上则坐，选人立白事。见于私第，虽选人亦坐，盖客礼也。唯两制以上点茶汤，入脚床子，寒月有火炉，暑月有扇，谓之"事事有"。庶官只点茶，谓之"事事无"。[4]

进入都堂即宰相办公机构"白事"或办理其他公务的官员，在接待上虽视其身份系"选人""京官以上"或"两制

---

① 《欧阳修全集》卷十四，第237页。
② 《宋史》卷一一四《礼志十七·进书仪》，第2811、2812页。
③ 《锦绣万花谷》续集卷二《经筵·赐坐饮茶》条，文渊阁四库全书本。
④ 《萍洲可谈》，第110页。

以上"而各不相同，甚至有"事事有""事事无"般的悬殊，但无论是"两制以上"还是"庶官"，能"点茶"则是共同的。"点茶"成了宋代最高行政部门处理公务时不可或缺的伴侣。

风气既开，遂上行下效。且上有所好，下必甚焉。在中央政府，点茶饮茶，是身份、礼遇等的代名词，此风为地方政府所仿效，渐渐演成常习。如日本僧人成寻于熙宁间入宋求学佛法，到达杭州往官府办理公文时，就看见官府衙门的廊下在烧炉点茶[①]。未知此风是否即是后来政府部门上班先泡茶饮风气的开山。

2. 省试具茶汤

沈括《梦溪笔谈》卷一记载：

礼部贡院试进士日，设香案于阶前，主司与举人对拜，此唐故事也。所坐设位，供张甚盛，有司具茶汤饮浆。至试经生（一作学究），则悉撤帐幕毡席之类，亦无茶汤，渴则饮砚水，人人皆黔其吻。非故欲困之，乃防毡幕及供应人私传所试经义，盖尝有败者，故事为之防。欧文忠有诗："焚香礼进士，撤幕待经生"，以为礼数重轻如此，其实自有谓也。[②]

进士试策论、诗文，考的是临场发挥，无书可抄，故

---

① ［日］村井康彦：《日本文化小史》，东京角川书店株式会社，1979年版，第208页。

② ［宋］沈括：《梦溪笔谈》卷一《故事一》，金良年点校，中华书局，2015年版，第6-7页。

考场中座位之间有帐幕分隔，此外还有"茶汤饮浆"多种饮料供应，等等诸种礼遇，非常优待。经生试贴经、墨义，必须通晓诸经，全凭死记硬背，故历代科举经试时，夹带提示等作弊之事极易发生且屡屡发生。为防止这类作弊事件的发生，宋代经生考试时的试场防范甚严，任何妨碍考官视线的帐幕均被撤除，且为防"供应人私传所试经义"，也不供应茶汤饮料，可怜一帮老少学究渴了只能喝砚水。虽然事出有因，也难怪欧阳修感慨"礼数重轻如此"。

七、御茶床

庆贺帝王生日圣节，仪礼为进御酒数盏，先坐垂拱殿，再坐紫宸殿，上公亲王躬进御酒数盏，而帝王此时所用御桌，却称为"御茶床"，每行礼于一殿，内侍先进御茶床，每殿礼毕，亦是由内侍官举撤御茶床，诸官拜辞后，礼终[1]。

凡大礼、御宴，帝王所用桌皆称之为御茶床，内侍进御茶床则礼始，举御茶床则礼毕。如北宋徽宗时集英殿春秋大宴，南宋高宗德寿宫寿筵等皆如此仪[2]。再如帝王行大射之礼，初次射中靶椀之后，箭班献上射中的靶椀，有司进御茶床，一干随行轮流上来敬酒，皇帝亦赐之酒。若皇帝再次射中，

---

[1] 参见《宋史》卷一一二《礼志十五·圣节》，第2674-2679页。并参见《武林旧事》卷一《圣节》。

[2] 参见《宋史》卷一一三《礼志十六·宴飨》、卷一一二《礼志十五·诸庆节》，第2683、2678页。

则再照以上程序依次献靶椀、进御茶床、敬酒、赐酒重演一遍。射毕，飨宴，亦以内侍进御茶床始，举御茶床终[①]。

　　总之，宋帝众多的重大活动飨宴所用之桌皆称为御茶床，虽不是茶礼仪，却从侧面反衬出茶在宋代重大礼仪活动中的地位。

---

① 参见《宋史》卷一一四《礼志十七·大射仪》，第2719页。

第十章

茶与宋代社会生活

方 職 司

宋代社会各阶层上自天子下至乞丐皆好饮茶，如北宋人李觏在其《富国策第十》中所说："茶……君子小人靡不嗜也，富贵贫贱靡不用也。"[1]茶在民众日常生活中已然不可或缺，如王安石在《议茶法》文中所说："夫茶之为民用，等于米盐，不可一日以无。"[2]茶与民众的日常消费和社会生活有着至为密切的关系，《梦粱录》言："盖人家每日不可缺者，柴米油盐酱醋茶"[3]，元杂剧《岳孔目借铁拐李还魂》则将此表述为我们现在所熟知的表达："早晨起来七件事，柴米油盐酱醋茶。"[4]

作为一种消费物品，茶在宋代成为全社会普遍接受的饮料，并且因其与社会生活的诸多方面都存在着很多的关联，出现了不少与茶相关的社会现象、习俗或观念等。种种观念与习俗不仅为宋代形成空前繁荣的茶文化提供了广泛的社会基础，而且其自身也成为宋代茶文化多姿多彩的现象之一，同时它们一起极大地丰富了宋代民众的日常生活与社会生活。

一、客来敬茶

居常备用日常饮料，由来已久，周秦都置有专管饮料

① ［宋］李觏：《李觏集》卷十六《富国策第十》，第149页。
② ［宋］王安石：《王文公文集》卷三一，第366页。
③ 《梦粱录》卷一六《鲞铺》，《全宋笔记》第八编第五册，第257页。
④ 见《新校元刊杂剧三十种》下卷，徐沁君校点，中华书局，1980年版，第473页。

的官"浆人"，《周礼》记其"掌共王之六饮：水、浆、醴、凉、医、酏"①，这些用于"稍礼"，即非正式"飨燕之礼"酒宴之礼。唯此六饮，又称汤、称浆、称羹而已。《诗》云："或以其酒，不以其浆"②，《孟子》曰："冬日则饮汤，夏日则饮水"③，《列子》曰："夫浆人特为食羹之货，多余之赢"④，所说浆、汤、羹等，或是开水，或是极薄的酒，或是类似于菜汤而已。以茶名称饮料，从杂煮诸物叶，或和米膏等物煎煮或冲泡为饮开始。如西晋郭义恭《广志》言："茶、茱萸、檄子之属，膏煎之，或以茱萸煮脯冒汁为之，曰茶，有赤色者，亦米和膏煎，曰无酒茶。"三国魏时的《广雅》云："荆巴间采茶作饼，成，以米膏出之，若饮，先炙令色赤，捣末置瓷器中，以汤浇覆之，用葱姜芼之，其饮醒酒，令人不眠。"⑤

客来敬茶习俗的形成基本上是在两晋南北朝之间。两晋之际，北方名士纷纷南下以避祸，先南渡者往往在建康石头城下迎接新南渡者，并设茶饮招待，有些北方名士由于尚未熟知南方的茶饮料，奉迎对答之际，不免要闹点小笑话，如：

---

① 《周礼》卷第五《天官冢宰》，《十三经注疏》，第1443页。
② 《毛诗注疏》卷十三，《十三经注疏》，第990页。
③ 《孟子注疏》卷十一，《十三经注疏》，第5980页。
④ 杨伯峻：《列子集释》，中华书局，1979年版，第77页。
⑤ 皆据《太平御览》卷八六七引，第3843-3844页。

任育长年少时，甚有令名。……自过江，便失志。王丞相请先度时贤共至石头迎之，犹作畴日相待。一见便觉有异，坐席竟，下饮，便问人云："此为茶为茗？"觉有异色，乃自申明云："向问饮为热为冷耳。"①

初见面时受茶饮招待，任瞻这个北方名士因为不知茶、茗一指，而出了纰漏，损害了名士的令名，竟而从此郁郁失志。

不过，在两晋，客来设茶还是不太多见的个人行为，开始时甚至很难令人接受。晋司徒长史王蒙好饮茶，有客人来时总是设茶招待，却未曾想到并不都是人同此好，很多人乃至甚以为苦，所谓"人至辄命饮之，士大夫皆患之。每欲往候，必云今日有水厄"②。以至此后"水厄"成为茶饮的谑称。

在东晋，以茶待客还为人用作节俭、朴素的象征，如《茶经》卷下"七之事"存录何法盛《晋中兴书》记载：

陆纳为吴兴太守时，卫将军谢安尝欲诣纳，纳兄子俶怪纳无所备，不敢问之，乃私蓄十数人馔。安既至，所设唯茶果而已。俶遂陈盛馔，珍羞毕具。及安去，纳杖俶四十，云："汝既不能光益叔父，奈何秽吾素业？"③

---

① ［南朝宋］刘义庆撰，徐震堮校笺：《世说新语校笺》卷下《纰漏第三四》，中华书局，1984年版，第487页。按：《茶经》卷下《七之事》所引《世说》此条文字略有不同。
② 《太平御览》卷八六七引《世说》。当指刘义庆《世说新语》，然今本《世说新语》不载。
③ 《茶经校注》，第73页。

陆纳以茶待客，欲借以表达自己"素业"之志趣。

至少南北朝时期，茗饮已成为公认的南方人喜爱饮用的饮料，北朝之人在招待南方人时常首先想到为之设茗饮，但北方人却尚不喜饮茶，而用"水厄"这一谑称来指代茶饮。如《洛阳迦蓝记》卷三《城南》"正德寺"记萧正德归降北魏时，魏辅政元义欲为之设茗饮，先问："卿于水厄多少？"萧正德这个南方人却尚不知水厄之意，茫茫答之曰："下官虽生于水乡，而立身以来，未遭阳侯之难。"元义与举座之客皆笑焉①。

可见此时，以茶待客之习，主要见于江南地区，行于江南之人。

南朝以降，以茶待客习俗所行的地区范围日渐扩大，除江南地区外，更南方的交广地区也出现了这一习俗，《茶经》卷下"七之事"引录《桐君录》："又南方有瓜芦木，亦似茗，至苦涩，取为屑茶饮，亦可通夜不眠。煮盐人但资此饮，而交、广最重，客来先设，乃加以香芼辈。"②

入宋，"宾主设礼，非茶不交"③。北宋时客来敬茶的习俗已遍行于宋境，其习俗为客来设茶，送客点汤。

朱彧《萍洲可谈》卷一载："今世俗客至则啜茶，去则啜汤。汤取药材甘香者屑之，或温或凉，未有不用甘草者。此

---

① ［魏］杨衒之：《洛阳伽蓝记校释》卷三，周祖谟校释，中华书局，2010年版，第112页。
② 《茶经校注》，第99页。
③ 林駉：《古今源流至论续集》卷四《榷茶》，文渊阁四库全书本。

俗遍天下。"此俗所遍天下乃大宋之天下，在北方辽国中招待客人行茶行汤的先后次序正好相反。朱彧接着记道："先公使辽，辽人相见，其俗先点汤，后点茶。至饮会亦先水饮，然后品味以进。"①张舜民《画墁录》中也记录了在客来设茶方面北人与南人相反的习俗："北虏待南人礼数皆约毫末，……待客则先汤后茶。"②两者从正反两面记录了宋代先茶后汤的待客习俗。

《南窗纪谈》亦记曰："客至则设茶，欲去则设汤，不知起于何时。然上自官府，下至闾里，莫之或废。"③表明宋时客来设茶招待已在社会各阶层蔚然成风。

宋人笔记中多有客来设茶的记载，王安石尚为小学士时造访蔡襄，蔡以其名士，便用最好的茶叶招待他。有人用不同的茶招待不同的客人，如王城东与杨亿相友善，王有一茶囊，十分贵重，只有杨亿来才取茶囊具茶招待，其他的客人绝对享用不到。所以王的家人一听传呼茶囊，就知是杨亿来了。而吕公著则用不同的茶具来招待不同的客人，"家有茶罗子，一金饰，一银，一棕榈。方接客，索银罗子，常客也；金罗子，禁近也；棕榈，则公辅必矣。家人常挨排于屏间以候之"④。等等。如王庭珪《次韵刘英臣早春见过二绝句

① 《萍洲可谈》卷一，第110页。
② 《画墁录》，《全宋笔记》第二编第一册，第199-200页。
③ 佚名：《南窗纪谈》，《全宋笔记》第五编第一册，第203页。
④ 《清波杂志校注》卷四《吕申公茶罗》，第176页。

（之二）》所言："客来清坐不饮酒，旋破龙团泼乳花。"①

而金国的茶俗则与宋地区同，也是客来设茶，客去设汤。金院本戏文《宦门子弟错立身》第十二出中茶坊里的茶博士上场念白便是："茶迎三岛客，汤送五湖宾。"②

元代基本沿用宋代的习俗，元代无名氏所作戏曲《冻苏秦》第三折中，当苏秦与张仪话不投机争执起来后，两人每争说一句话，张仪的贴身侍从张千就在旁边喝一声"点汤！"替主人逐客，两段念白一段唱中共说了十多次点汤，并且还有这样一段明确说点汤送客：

张千云："点汤！"正末唱："哎！你敢也走将来喝点汤喝点汤！"云："点汤是逐客，我则索起身。"③

借前朝衣冠人物形象地记载了宋元时点汤送客的饮茶习俗。清代以后，茶饮成为基本的居常饮料，人们渐渐不再饮汤，点汤送客也渐发展成为端茶送客。此风俗盛行于清代，却是从宋元送客点汤的习俗发展而来的。

客来敬茶，是从主人角度出发而言的，对于受茶者来说，作为这一"客礼"中的客体，应该是受茶不拜，即便是帝王设茶赐茶饮，若非是在朝会、拜祭礼仪中的赐茶、设

---

① 《全宋诗》卷一四七二，第25册，第16843页。

② 金院本戏文《宦门子弟错立身》，钱南扬校注：《永乐大典戏文三种校注》，中华书局，1979年版，第242页。

③ ［元］无名氏：《冻苏秦》，［明］臧晋叔编《元曲选》第二册，中华书局，1989年重排版，第449页。

茶，而是作为客礼即待客之礼出现的赐茶、设茶，受茶者也皆谢而不拜。若是在作客时受茶而拜，则非仪。如高晦叟《珍席放谈》卷上：

> 王沂公罢政柄，以相节守西都，属县两簿尉同诣府参，公见之。将命者喝放参讫，请升阶啜茶。二人皆新第经生，不闲仪，遂拜于堂上。既去，左右申举非仪，公卷其状语之曰："人拜有甚恶。"噫！大臣包荒，固非浅丈夫之可望也。[1]

在比较注重礼仪的中国古代，"非仪"常常是弹劾官员的一项有力指证。宋代对"非仪""失仪"的官员一般都予以严厉的处理。两个新当官的经生，尚不懂得在客礼中受茶不拜之礼，乱拜一气，为王曾左右告诉非仪，幸而礼多人不怪，又碰上了肚里能撑船的前任宰相，虽然非仪，却并没有危及乌纱帽。

二、居家饮茶与以茶睦邻

茶为居常饮料，在宋人居家生活中占有重要的地位。虽然这方面文字材料很少见，但在宋代墓葬中却有大量的资料保存。如前文所引录，1992年发现于洛阳邙山约葬于崇宁二年（1103）前后的北壁所绘进茶图，河南禹县白沙镇赵大翁宋哲宗元符元年（1098）墓前室两壁有壁画，其中一幅为墓主人夫妇对坐宴饮图，1992年2月在河南洛宁县大宋村北

---

[1] ［宋］高晦叟：《珍席放谈》卷上，《全宋笔记》第三编第一册，第185页。

坡出土的葬于政和七年（1117）乐重进石棺左面的进茶图，1995年12月河南宜阳县莲庄乡坡窑村发现的宋墓画像石棺的饮茶图，等等，都反映了墓主人生时在人间的生活享乐情景，应该说是对宋代百姓居家饮茶生活最贴切的反映，除了它本身所具有的一定艺术价值外，也具有相当的资料价值。

由于饮茶已成为百姓日常生活必不可少的组成部分，在客来敬茶成为宋代人们习以为常的待客礼俗后，邻里之间以茶水往来就成了以"客礼"对待邻里，这也使茶在邻里交往中起了相当的作用。如《梦粱录》卷十八《民俗》记南宋杭州邻里之间不论有事没事，"朔望茶水往来，至于吉凶等事，不特庆吊之礼不废，甚者出力与之扶持，亦睦邻之道，不可不知"，茶汤往来互通消息，与吉凶庆吊之事随礼甚至出力相帮等，成为不可不知的睦邻之道。如果有新住户搬来，"则邻人争借动事，遗献汤茶，指引买卖之类，则见睦邻之义"①。

三、茶与婚俗

中华民族极重礼仪，婚姻仪礼又在全部礼仪中占据根本性地位。《礼记·昏义》所谓"昏礼者，礼之本也。夫礼始于冠，本于昏"②。这是因为有如《周易·序卦》所言："有天

---

① 《梦粱录》卷十八《民俗》，《全宋笔记》第八编第五册，第269页。
② 《礼记正义》卷六十一，《十三经注疏》，第3648页。

地然后有万物，有万物然后有男女，有男女然后有夫妇，有
夫妇然后有父子，有父子然后有君臣，有君臣然后有上下，
有上下然后礼义有所错。夫妇之道不可以不久也。"①宋以前
以羊酒、金银珠宝、锦缎等物为礼，诸物往来贯穿婚姻全部
过程。自宋代茶饮习俗大盛之后，茶仪也开始进入了婚姻仪
礼。婚姻仪礼中用茶，主要是取茶有不移之性，明陈耀文
《天中记》言："凡种茶树必下子，移植则不复生，故聘妇必
以茶为礼，义固有所取也。"②明代此风继盛。郎瑛在《七修
类稿》中说："种茶下籽，不可移植，移植则不复生也；故女
子受聘，谓之吃茶。又聘以茶为礼者，见其从一之义也。"③
许次纾《茶疏·考本》中也说："茶不移本，植必子生。古人
结婚，必以茶为礼，取其不移植子之义也。"④其意皆在于取
茶不可移植之性，表明了在传统的社会文化中，男性中心的
观念对婚姻中女性的要求。在宋代婚仪中，茶与前举羊酒等
诸物并重，无论相亲、定亲、退亲、下聘礼、举行婚礼，皆
需用到茶。

　　一如相亲，据《梦粱录》卷二〇《嫁娶》记，初时如
女方中意，即以金钗插于冠髻中，名曰"插钗"，一门亲事

① 《周易正义》卷九，《十三经注疏》，第200-201页。
② ［明］陈耀文：《天中记》卷四四，文渊阁四库全书本。
③ ［明］郎瑛：《七修类稿》，卷四十六《事物类》"未见得吃茶"，上海书店出
　　版社，2021年版，第490页。
④ ［明］许次纾：《茶疏·考本》，《中国古代茶书集成》，第263页。

基本上就这样算定了下来，相亲之礼完成。此步骤后来发展成为女方吃下男方的茶，"插钗"变成了"吃茶"，如《红楼梦》第二十五回，凤姐笑问黛玉："你既吃了我们家的茶，怎么还不给我们作媳妇？"[1]就是此意。

插钗或吃茶之后，男女双方通过媒人"议定礼"，由男方"往女家报定"，常带着十盒或八盒以"双缄"形式包裹的礼物，其中包括羊酒及缎匹茶饼等，送到女方家。"女家接定礼合，于宅堂中备香烛果酒，告盟三界，然后请女亲家夫妇双全者开合，其女氏即于当日备回定礼物"，回礼除各色金玉、罗缎、女红外，"更以元送茶饮果物以四方回送，羊酒亦以一半回之"，若富贵之家，再另加财物。定亲之礼亦告完成。

此后就要选择良辰吉日送聘礼，"富贵之家当备三金送之"，一般聘礼都要包括"珠翠特髻，珠翠团冠，四时冠花，珠翠排环等首饰，及上细杂色彩缎匹帛，加以花茶、果物、团圆饼、羊酒等物。又送官会银锭，谓之'下财礼'，亦用双缄聘启礼状"。有钱人家收到聘礼之后，亦像收到定亲礼物时一样，回送礼物。下聘礼毕。而送财礼又称"下茶"，所以话本《快嘴李翠莲记》中说："行甚么财礼下甚么茶？"[2]

---

[1] ［清］曹雪芹：《红楼梦》第二十五回，人民文学出版社，1982年版，第341页。

[2] 《快嘴李翠莲记》，［清］洪楩辑，程毅中校注：《清平山堂话本校注》卷二，中华书局，2012年版，第116页。

行、受聘礼之后，便是择日成亲了。经过一系列繁复的仪式之后，新郎新娘入洞房行合卺礼。再入礼筵，"以终其仪"。

成亲后三日，新媳妇要为公婆奉茶，"三朝点茶请姨娘"。《快嘴李翠莲记》中李翠莲在过门后的第三日，在厨下"刷洗了锅儿，煎滚了茶，复到房中，打点各样果子，泡了一盘茶，托至堂前，摆下椅子"，然后去请公婆、伯伯、姆姆等前来吃茶。"公吃茶、婆吃茶，伯伯、姆姆来吃茶。姑娘、小叔若要吃，灶上两碗自去拿。"[1]在成亲后的第三天，"女家送冠花、彩缎、鹅蛋……并以茶饼、鹅羊、果物等合送去婿家，谓之'送三朝礼'也"。此后两新人往女家行拜门礼，女家也要送茶饼鹅羊果物等礼物给新女婿[2]。

宋以后茶与婚姻仪礼的关系日益密切，在南方许多地区甚至形成了以茶称名即俗称"三茶"的婚姻仪礼，即相亲时的"吃茶"，定亲时的"下茶"或"定茶"，和成亲洞房时的"合茶"。即便是退亲，亦被称为"退茶"。《仪礼·士昏礼》中记昏礼有六礼，自茶进入婚礼后，"三茶六礼"则成为举行了完整婚礼的明媒正娶婚姻的代名词。

茶礼完全与婚礼相始终。

---

① 《快嘴李翠莲记》，《清平山堂话本校注》卷二，第120页。
② 本题除另注出处外，皆据《梦粱录》卷二〇《嫁娶》，《全宋笔记》第八编第五册，第297-301页。

四、饮茶之忌禁

关于饮茶的礼俗忌禁绝少见。孔平仲《谈苑》卷一记："夏竦薨，子安期奔丧至京师，馆中同舍谒见，不哭，坐榻茶橐如平时。"[①]此则记载在于说明夏安期在父丧期间行为举止不合礼法，其中包括像平时一样在喝茶。这表明了宋代有人将饮茶视为享乐行为，认为在父丧期间应当禁绝之。

周密《齐东野语》卷十九《有丧不举托》中所记关于茶饮禁忌的记载比较明确："凡居丧者，举茶不用托。"因为宋代与建盏配套的木质茶托多为朱红色漆漆就，丧事一直是忌用红色物品的，所以在宋代，服丧期间的人喝茶时有不能用茶托之俗，因为"或谓昔人托必有朱，故有所嫌而然……平园《思陵记》，载阜陵居高宗丧，宣坐赐茶，亦不用托。始知此事流传已久矣"[②]。

五、茶事之社会化服务

1. 茶酒司

宋代社会生活活动频繁，公私宴会、红白喜事不断。为了应付日益繁多的宴会，"官府各将人吏差拔四司六局人员

---

① ［宋］孔平仲：《谈苑》卷一，《全宋笔记》第二编第五册，第302页。
② ［宋］周密：《齐东野语》卷十九，张茂鹏点校，中华书局，1983年版，第361页。

督责，各有所掌，无致苟简"。所谓四司，乃帐设司、茶酒司、厨司、台盘司，六局乃果子局、蜜煎局、菜蔬局、油烛局、香药局、排办局。

因为四司六局从事之人，"祗直惯熟，不致失节，省主者之劳"，且宋代亦有俗谚云："烧香点茶，挂画插花，四般闲事，不宜累家"，所以一般官员"府第斋舍，亦于官司差借执役"，一般"富豪庶士吉筵凶席，……则顾唤局分人员"，不论在家中还是在娱乐场所或"欲就名园、异馆、寺观、亭堂或湖舫"什么地方办酒筵，"但指挥局分，立可办集，皆能如仪"。

四司六局，责任有大小轻重，因而在各种筵会上，"不拘大小，或众官筵上喝犒，亦有次第，先茶酒，次厨司，三伎乐，四局分，五本主人从"，均有先后次第之分。

茶酒司所掌的职责：

茶酒司，官府所用名"宾客司"，专掌客过茶汤、斟酒、上食、喝揖而已。民庶家俱用茶酒司掌管筵席，合用金银器具及暖荡、请坐、谘席、开话、斟酒、上食、喝揖、喝坐席，迎送亲姻，吉筵庆寿，邀赏筵会，丧葬斋筵，修设僧道斋供，传语取覆，上书请客，送聘礼合，成姻礼仪，先次迎请等事。①

① 以上引文皆见《梦粱录》卷一九《四司六局筵会假赁》，《全宋笔记》第八编第五册，第294-296页。

尤其是为民庶办筵席，茶酒司主事甚多，几乎包揽了所有事情的所有过程，宜其在四司六局中次第最先。

2. 茶酒厨子

茶酒司等四司六局是官府中的服务性机构，民庶亦可"于官司差借执役"。同时，市肆中也有专门的人员名"茶酒厨子"，为民庶办理红白喜事、请客宴席一类的事情：

> 凡吉凶之事，自有所谓"茶酒厨子"专任饮食请客宴席之事，凡合用之物，一切赁至，不劳余力。虽广席盛设，亦可咄嗟办也。①

他们也是从请客到赁借所需物品，不论办多大的宴席，都能在"咄嗟"的呼吸之间，替主人家迅速办成。

3. 外食

除了办大规模的宴席之外，在两宋汴京及杭州这样公私生活终日繁忙的大都市，对于便捷的饮食都有需求，而茶事则能从自身的角度去满足这些需求。

两宋都城中的主要商业街上，都有众多的饮食店，为大众尤其是"市井经纪之家"提供快捷饮食，《东京梦华录》卷三"马行街铺席"："马行北去……至门约十里余，其余坊巷院落，纵横万数，莫知纪极。处处拥门，各有茶坊酒店，勾肆饮食，市井经纪之家，往往只于市店旋置饮食，不置家蔬……至三更，方有提瓶卖茶者，盖都人公私营干，夜深方

---

① 《武林旧事》卷六《赁物》，《全宋笔记》第八编第二册，第82页。

归也。"^①《梦粱录》卷十三"铺席":"处处各有茶房、酒肆、面店果子、彩帛、绒线、香烛、油酱、食米、下饭鱼肉、鲞腊等铺。盖经纪市井之家,往往多于店舍旋买见成饮食,此为快便耳。"卷十三"夜市":"冬月虽大雨雪,亦有夜市盘卖。至三更后,方有提瓶卖茶。冬闲,担架子卖茶徽子、慈茶始过。盖都人公私营干,深夜方归故也。"卷十六"茶肆":"夜市于大街有车担,设浮铺点茶汤以便游观之人。"^②大都市里,忙着做生意的人都没有时间做饭,遍布城区的茶坊酒肆为其提供快捷方便的饮食,有些经纪之人,甚至自己家里就根本不准备蔬菜饮食。至晚三更前都有夜市,而半夜三更,即半夜十二点后,还有提瓶、挑担设浮铺卖茶、徽子、慈茶者,全天候为城市居民、游客提供茶饮、小食等服务。

而"提茶瓶"卖茶这样的小型经营方式,据《武林旧事》卷六"小经纪"所记,则是"他处所无有"^③的经营方式。

茶坊茶肆、提瓶、担架浮铺,都在陆地上为民众提供茶饮茶食服务,而盛行在西湖上乘船游玩的杭州,还有多种小船为湖上的游人提供茶事服务,《梦粱录》卷十二"湖船"记"更有卖鸡儿、湖滝、海蜇、螺头及点茶、供茶果、婆嫂

---

① 《东京梦华录注》卷三,第111-112页。

② 分见《梦粱录》卷十三《铺席》、卷十三《夜市》、卷十六《茶肆》,《全宋笔记》第八编第五册,第221、224、246页。

③ 《武林旧事》卷六《小经纪》,《全宋笔记》第八编第二册,第87-88页。

船，点花茶、拨糊盆、泼水棍小船"①，为游人提供点茶、点花茶、茶果等茶饮和小食。

总之，茶事的社会服务为庶民的社会生活提供了很大的便利。两宋京城大都市居民所能获得的茶事社会化服务程度，不亚于当今服务业已经成为社会支柱产业的状态，令人赞叹。

---

① 《梦梁录》卷十二《湖船》，《全宋笔记》第八编第五册，第214页。

后 记

　　我的茶文化研究，始于研究生毕业前夕找工作的机缘，以及工作后在职读博的经历。

　　1990年12月，临近硕士毕业，来到杭州找工作，那一两年的工作不是很好找。经朋友介绍，到中国茶叶博物馆筹建处求职。时值博物馆开馆前夕的用人之际，便先去"实习"。当时主要做展陈文字和图书资料的整理工作，协助博物馆介绍折页的外文翻译工作等。

　　对我学术人生影响最大的，是在整理校对展陈文字、收集编录入馆图书资料的同时，我读到的人生第一本茶书——庄晚芳先生所著《中国茶史散论》。对于我辈研史者来说，这是一部全新领域的专门史，瞬间为我打开了一扇崭新的学术大门。中国茶叶历史、茶文化史丰富多彩的内容，以及它们与中国社会历史政治经济文化等息息相关的特质，立刻吸引了我。自那时起，茶文化史一直是我的主要研究方向。

　　1994年，我考入杭州大学历史系，在职攻读博士学位。期间，阮浩耕先生约我一起编集中国古代茶书文献，经与导师梁太济先生商量，将原定的博士论文题目改为"茶与宋代社会"。2007年，博士论文修改为《茶与宋代社会生活》，入选"中国社会科学博士论文文库"出版。

近几十年茶文化大兴，宋代茶文化亦广受关注。感谢上海交大出版社樊诗颖女士、赵斌玮先生促成了这本小书。因为领域的广泛和材料的难于穷尽，我对宋代茶文化的研究在日新之中。本书集中于宋代点茶文化的主要方面，囊括了近年的一些研究成果。其中有部分章节，在博士论文的基础上进行修改增订而成。

三十多年坚持在茶文化研究领域，茶香增益着书香，在与历史的对话中，感受穿透时间的文化与美好。

作者

2023年4月于北京